Martin Wehrle

Anständig Karriere machen

Martin Wehrle

# Anständig Karriere machen

Wie Sie nach oben kommen –
und trotzdem Sie selbst bleiben

**orell füssli** Verlag

© 2013 Orell Füssli Verlag AG, Zürich
www.ofv.ch
Rechte vorbehalten

Lektorat: Thomas Bertram
Umschlaggestaltung und Motiv: Hauptmann & Kompanie Werbeagentur, Zürich
Illustrationen: Thomas Di Paolo
Druck: fgb • freiburger graphische betriebe, Freiburg

ISBN 978-3-280-05460-4

Bibliografische Information der Deutschen Nationalbibliothek: Die Deutsche Nationalbibliothek verzeichnet diese Publikation in der Deutschen Nationalbibliografie; detaillierte bibliografische Daten sind im Internet über http://dnb.d-nb.de abrufbar.

# Inhalt

# Einleitung: Das Ende der Lüge

Mit strammen Schritten eilt der junge Mann in den Beratungsraum. Meine Hand schüttelt er so kräftig, als hätte er gerade die Meisterschaft im Bodybuilding gewonnen. Lässig plumpst er in den Sessel, und noch während sein Körper vom Aufprall vibriert, formuliert er sein Ziel: »Ich möchte so schnell wie möglich einen Chefposten ergattern. Sagen Sie mir einfach, wie das geht.«

An seinem Arm glitzert eine teure Uhr, auf die er nun einen ungeduldigen Blick wirft – die Zeit läuft, offenbar soll ich als Karrierecoach ihm blitzschnell eine Antwort liefern, damit er bei seinem Aufstieg keine Zeit verliert. Sein Studium hat er mit Bestnote abgeschlossen. Und deshalb fühlt er sich für einen Durchmarsch auf der Karriereleiter qualifiziert.

Aber wie stellt er sich die Berufswelt eigentlich vor? Welche heimlichen Spielregeln, welche Rezepte für den Aufstieg malt er sich aus? Ich frage zurück: »Angenommen, Sie selbst wären Ihr Coach – was würden Sie sich raten?«

Ein Lächeln huscht über sein Gesicht. Sein Oberkörper strafft sich, als würde er in dem Sessel wachsen. »Ich würde herausfinden, welches Verhalten in einer Firma gefragt ist und belohnt wird. Und genau ein solches Verhalten würde ich dann trainieren!«

»Was würde das konkret bedeuten, zum Beispiel beim Bewerben?«

»Dass ich mir Eigenschaften nachsage, die eine Firma sich von mir erhofft. Da brauche ich mir doch bloß die Stellenausschreibung anzusehen!«

»Wenn Sie sich also bei einem Konzern bewerben, der international orientierte Mitarbeiter sucht, dann stellen Sie sich als Kosmopolit dar? Und wenn Sie bei einer Firma anklopfen, die regional orientierte Mitarbeiter bevorzugt, dann geben Sie den Lokalpatrioten?«

Er strahlt. »Richtig. Karriere ist doch wie Evolution. Wer sich seiner Umwelt nicht anpasst, geht unter!«

»Sie meinen: Der Anpassungskünstler startet durch, und der Ehrliche ist der Dumme?«

Sein Grinsen wird breit wie eine Banane. »Exakt! Denn warum sollte eine Firma, die Lokalpatrioten sucht, einen Kosmopoliten wie mich einstellen? Ein Fußballverein, der einen Stürmer sucht, heuert ja auch keinen Verteidiger an!«

Nun lächle ich. »Guter Vergleich! Lassen Sie uns einfach mal durchspielen, was passiert, wenn sich ein Stürmer als Verteidiger ausgibt. Wird er den Job bekommen?«

Der junge Mann zögert keine Sekunde: »Klar doch! Wenn er nicht vorspielen muss, kann er sich die gefragten Eigenschaften nachsagen. Zum Beispiel, dass er pfeilschnell ist, einen guten Riecher für Chancen hat und mit beiden Füßen perfekte Torschüsse abfeuert.«

»Aber ich denke, er ist ein Verteidiger? Dann bringt er diese Eigenschaften wahrscheinlich gar nicht mit!«

Er schüttelt mitleidig den Kopf. »Das war doch gar nicht Ihre Frage! Sie wollten nur wissen: Kriegt er den Job? Und ich sage: Ja, sofern er sich gut verkauft!«

Ich schweige einen Moment und lasse ihn seinen Triumph auskosten. Dann frage ich, scheinbar naiv wie Inspektor Columbo: »Aber hat er damit schon Karriere gemacht? Oder hat er sich nur einen Job erschwindelt?«

Der junge Mann beginnt zu blinzeln; offenbar macht ihn diese Frage unsicher. »›Erschwindelt‹ ist ein hartes Wort! Er hat sich gut verkauft. Und wer sagt denn, dass die Karriere nicht noch folgt?«

»Ich sage das. Denn wenn ein Verteidiger nicht dort spielt, wo er seine Stärken hat, nämlich in der Verteidigung, sondern dort, wo ihm die Stärken fehlen, im Sturm – dann kann er seine Stärken gar nicht erst entfalten. Dann hat er sich in eine Position geschwindelt, in der er nur verlieren kann.«

Er senkt den Kopf wie ein Schüler, der eine schlechte Antwort gegeben hat. Seine Stimme klingt jetzt so dünn, dass er Micky Mouse synchronisieren könnte: »Aber kann es nicht sein, dass der Trainer ihn später in den Sturm aufrücken lässt?«

»Warum sollte er? Der neue Mitarbeiter hat ihm zur Begrüßung ins Gesicht gelogen. Mit so jemandem will man nicht arbeiten. Außerdem sucht er gar keinen Stürmer – diese Arbeitsplätze sind besetzt. Und da der vermeintliche Verteidiger noch in der Probezeit ist …«

»… wirft er ihn raus!«, führt er meinen Satz zu Ende.

Nach weiteren zehn Minuten sind wir uns einig: Eine nachhaltige Karriere gelänge ihm nur, wenn er vorher seine wahren Stärken herausfindet – und nach einer Firma sucht, in der genau sein Typ gefragt ist. Echtheit statt Bühnenschauspiel.

Wie man Karriere mit Ellenbogen macht, mit schwarzer Rhetorik und mit faulen Tricks, darüber sind Dutzende von Büchern geschrieben worden. Aber wie funktioniert eigentlich die umgekehrte Disziplin? Wie macht man anständig Karriere? Dieses Buch zeigt auf, dass der Pfad der Tugend Sie nicht nur zu mehr Glück und Zufriedenheit führt, sondern auch zu mehr Erfolg im Beruf.

Warum sollten Sie lügen, wenn Sie mit der Wahrheit noch erfolgreicher sein können? Warum andere beiseiterempeln, wenn eine Kooperation viel mehr bringt? Und warum sollten Sie sich selbst verbiegen und ein schlechter Schauspieler werden, statt Ihre ureigenen Stärken auszuspielen und ganz Sie selbst zu sein?

Dass nur Lügner, Hochstapler und Ichlinge im Beruf vorwärtskommen, ist ein gefährliches Märchen, von Lügnern, Hochstaplern und Ichlingen in die Welt gesetzt. Richtig ist: Die Skrupellosen sind auf der Karriereleiter oft einen Schritt schneller. Richtig ist aber auch: Ebenso schnell und spektakulär, wie sie nach oben eilen, stürzen sie wieder ab.

Dauerhafter Erfolg im Beruf lässt sich nicht auf Lügen, nicht auf Verstellen, nicht auf schwarzer Rhetorik aufbauen – nur ein Fundament trägt ihn: die eigene Persönlichkeit. Der Kompass Ihrer eigenen Werte ist das einzige Instrument, mit dem Sie auf lange Sicht vorwärtskommen. Mit seiner Hilfe können Sie einen Arbeitgeber finden, der zu Ihnen passt, einen Arbeitsstil, der Ihre Stärken zum Glänzen bringt, und letztlich auch einen Führungsstil, der glaubwürdig und effektiv ist.

Was Ihnen in Ihrem Privatleben heilig ist, sollte Ihnen auch im Berufsleben heilig sein – sonst mutieren Sie zur gespaltenen Persönlichkeit. Wer im Job trotz anderer Veranlagung ins Kostüm des eiskalten Karriere-Rambos schlüpft, wird bald in seinem eigenen Lügensumpf feststecken. Er handelt sich eine tödliche Krankheit ein: Unglaubwürdigkeit. Wer bei der Arbeit anders scheinen will, als er ist, wird immer menschliches Falschgeld bleiben, das den prüfenden Blicken anderer auf Dauer nicht standhält.

Dieses Glaubwürdigkeitsproblem mag auch der Grund sein, warum sich alle Personalchefs nach Bewerbern sehnen, die ihnen »echt« erscheinen, alle Mitarbeiter nach Führungskräften suchen, die sie für »glaubwürdig« halten können. Studien weisen nach: Eine Führungskraft wird von ihren Mitarbeitern nicht an dem gemessen, was sie sagt, sondern an dem, was sie selbst vorlebt. Anständige Führungskräfte ziehen anständige Mitarbeiter heran. Dagegen müssen Führungskräfte, die von ihren Mitarbeitern angelogen werden, oft nur in den Spiegel blicken, um die Ursache für ihr Problem zu erkennen.

Die Globalisierung führt dazu, dass in der Wirtschaft kein Stein mehr auf dem anderen bleibt, dass sich das Karussell des Marktes immer schneller dreht. Gerade in diesen Zeiten der Veränderung bekommt die charakterliche Beständigkeit der Mitarbeiter immer mehr Gewicht – zumal sich die Spur der Unseriösen im Internet verfolgen lässt, nicht nur von neuen Mitarbeitern oder Kollegen, sondern auch von Kunden.

*Anständig Karriere machen* zeigt Ihnen Wege, wie Sie im Beruf erfolgreich sein können – und zwar nicht, obwohl Sie sich nicht verbiegen, sondern gerade weil Sie authentisch sind.

Heißt das, Sie sollten als Bewerber immer die ganze Wahrheit auf den Tisch legen, auch wenn sie Ihnen schadet? Sollten Ihren Anteil der Teamarbeit einfach dem Konto der Allgemeinheit zuschreiben, statt selbst davon zu profitieren? Und sollten den Fiesling mit den harten Ellenbogen an sich vorbeiziehen lassen, obwohl Sie selbst den Aufstieg mehr verdient hätten?

Nein, anständig heißt nicht töricht! In diesem Buch gebe ich Ihnen Tipps, wie Sie beim Bewerbungsrennen die Nase vorn haben, indem Sie günstige Wahrheiten ins Schaufenster stellen, statt mit billigen Lügen zu hantieren. Hier erfahren Sie, wie Sie sich fair gegenüber den Teamkollegen verhalten und sich dennoch Ihren Anteil der Arbeit auf die eigene Fahne schreiben. Und ich werde Ihnen immer wieder erklären, wie Sie sich durch Leistung und Selbst-PR für einen Aufstieg in Stellung bringen, ohne dabei über Leichen zu gehen.

Für den Erfolg im Beruf müssen Sie nie unter die Gürtellinie zielen oder das Blaue vom Himmel lügen – sondern immer nur die heimlichen Karriere-Spielregeln beachten und das Karrierespiel so betreiben, wie es Ihren Stärken und Anlagen entspricht. Ein Verteidiger punktet als Verteidiger, nicht als Stürmer!

Dieses Buch führt Sie durch die Schlüsselsituationen der Karriere: Wie gelingt der perfekte Einstieg in die Berufswelt? Wie heben Sie sich beim Bewerben positiv ab? Welche Schachzüge bringen Ihre Karriere vorwärts? Und wie nutzen Sie die heimlichen Spielregeln beim Verhandeln und durchschauen den alltäglichen Wahnsinn in Ihrer Firma?

Darüber hinaus erfahren Sie, wie Sie souverän mit »Krisen und Fettnäpfen« umgehen, wie Sie Ihr Selbstmanagement auf Vordermann bringen und welche Chancen Ihnen eine gute Selbst-PR bietet. Und schließlich können (angehende) Führungskräfte und Firmeninhaber verfolgen, wie Führung gelingt, Personalauswahl ins Schwarze trifft und eine moderne Firma entsteht, die kein Irrenhaus ist, sondern ein Ort der Intelligenz und Anständigkeit. Die 100 Texte dieses Buches basieren auf meiner ZEIT-Kolumne, deren Leser mich immer wieder nach einem Sammelband fragten.

Am Ende der Lektüre wissen Sie vielleicht nicht, wie man ständig Karriere macht (wer könnte das schon von sich behaupten?) – aber ganz sicher wissen Sie, wie man anständig Karriere und sich selber dabei glücklich macht. Und darauf kommt es an!

Viel Erfolg
wünscht Ihnen
Ihr
*Martin Wehrle*

# 1. Karriere-Einstieg:
## Auf die Plätze, fertig, Erfolg!

## Karriere mit Schwein

Ein Berufsweg, vor dem alle warnen,
kann der beste sein – warum,
das erklärt ein Blick in die Schweinezucht.

*Die Menschheit besteht aus einigen wenigen*
*Vorläufern, sehr vielen Mitläufern und einer*
*unübersehbaren Zahl von Nachläufern.*

*Jean Cocteau*

Wer das Spieglein an der Wand fragte, welcher Beruf der sicherste im ganzen Land sei, bekam zeitweise zur Antwort: »Lehrer!« Alle Zeitungen berichteten vom Lehrermangel, alle Politiker riefen nach neuen Pädagogen, und viele Abiturienten schlugen denselben Berufsweg ein: das Lehramt. Etliche von ihnen konnten ihre pädagogischen Fähigkeiten später beim Umgang mit betrunkenen Fahrgästen erproben, die sich in ihre Taxis verirrten. Freie Lehrerstellen? Fehlanzeige.

Wann immer Ihnen ein Beruf als der sicherste, eine Fortbildung als die gefragteste, eine Branche als die zukunftsfähigste verkauft wird, rate ich zur Skepsis. Denn es gibt eine »unübersehbare Zahl von Nachläufern«, wie Cocteau schreibt. Gut möglich, dass der heutige Mangel in ein künftiges Überangebot mündet.

Dieses Phänomen hat in der Wirtschaft einen Namen: Schweinezyklus. Was taten die Züchter, wenn es am Markt einen Mangel an Schweinen und folglich hohe Preise gab? Mehr Schweine züchten, um künftig noch mehr Gewinn zu machen. Da diese Idee nicht nur einem Züchter, sondern nahezu allen kam, waren Jahre später ein Überangebot, sinkende Preise und herbe Verluste die Folge.

Und wie reagierten die meisten Züchter auf das Überangebot? Sie reduzierten die Zahl ihrer Tiere. Wer das nicht tat, wer gegen den Strom schwamm, war gut dran, denn ein paar Jahre später gab es wieder einen Mangel – und hohe Preise.

Daraus folgt: Wer heute ein (Zweit-)Studium antritt, sollte auch Fächer in Erwägung ziehen, die in den letzten Jahren überlaufen waren – und deshalb momentan nur von ganz wenigen angesteuert werden. Dasselbe gilt bei der Wahl einer Branche, einer längerfristigen Fortbildung oder auch bei Gründung einer Firma. Vor allem Märkte, die im Moment als überfüllt gelten, können nach einer Bereinigung exzellente Chancen bieten – für den, der dann schon aufgestellt ist und nicht erst dem Trend hinterherhechelt.

Im Beruf gilt dieselbe Erfolgsregel wie beim Eishockey: Die besten Spieler stehen nicht dort, wo der Puck gerade ist, im Gedränge, sondern dort, wo er gleich sein wird, im freien Raum. Wer sich mehr auf seinen gesunden Weitblick und weniger auf die Einflüsterungen der Trendmacher verlässt, ist der Konkurrenz stets einen Schritt voraus.

## Die Traumjob-Prüfung

Wie finden Sie heraus, ob ein Job Ihr Traumjob wäre?
Sprechen Sie mit jemandem, der eine solche Position
schon bekleidet.

*Bevor man etwas brennend begehrt, sollte man das*
*Glück dessen prüfen, der es bereits besitzt.*

*François de La Rochefoucauld*

Wenn Sie die freie Wahl hätten unter allen Arbeitsplätzen in Ihrer
Branche – welchen würden Sie wählen? Die Antworten, die ich
höre, haben nur eines gemeinsam: Der eigene Arbeitsplatz ist selten dabei. Offenbar haben sich viele Menschen den Spatz ge-
schnappt, statt nach der Taube auf dem Dach zu greifen. Doch
wie wollen sie erfahren, ob eine Position nicht doch erreichbar ist,
wenn sie sich nicht mit aller Kraft nach ihr strecken?

Andererseits: Bei zwei von drei Traumjobs sind der Traum
und der Job nicht dasselbe. Ob jemand nun mit einer Position im
Ausland, einer Führungsaufgabe oder einer Geschäftsgründung
liebäugelt – seine Erwartungen haben häufig viel mit ihm und
wenig mit dem Job zu tun.

Wichtig ist vor allem, dass Sie mehr über Ihre Wunschposition herausfinden. Dabei gilt, frei nach François de La Rochefoucauld, der Rat: Prüfen Sie das Glück dessen, der eine solche Position schon innehat. So hatte ich es einmal mit einem Informatiker
zu tun, der wild entschlossen war, eine kleine Computerfirma zu
gründen. Ich schlug ihm vor, sich mit zwei erfolgreichen Grün-
dern der IT-Branche auszutauschen. Was er dabei erfuhr, vor allem über die Arbeitszeiten und über das »Klinkenputzen«, ließ

sein Traumschiff an den Klippen der Realität zerschellen. Da fand er seine Festanstellung auf einmal wieder attraktiver. Durch Gespräche mit IT-Projektleitern in seiner Firma fand er heraus, dass diese Laufbahn nach seinem Geschmack war.

Ganz egal, welche Position, welche Firma oder auch welches Studium Sie anstreben – sprechen Sie vorher mit Menschen, die damit schon Erfahrung haben. Das ist heute einfacher denn je, zum Beispiel über soziale Netzwerke. Fragen Sie, wie ein typischer Tag abläuft. Erkundigen Sie sich nicht nur nach den Vorzügen, sondern auch nach den Schattenseiten. Wie sehen anstrengende Tage aus? Was nervt? Was kostet Kraft?

So lernen Sie die Vorteile und die Nachteile aus erster Hand kennen und können beide gegeneinander abwägen. Ist Ihre Traumposition immer noch reizvoll? Wenn nicht, dann setzt diese Erkenntnis Energie für andere Wege frei. Wenn doch, werden Sie merken: Der direkte Austausch beflügelt Ihre Motivation, nach der vermeintlichen Taube zu greifen. Nicht selten werden Infos und Kontakte aus den Gesprächen Ihnen helfen, Ihre Wunschposition doch noch zu ergattern.

# Die Klippen der Probezeit

Jede Probezeit ist riskant. Nur wer die Klippen kennt,
kann sie sicher umschiffen.

*Nie ist das, was man tut, entscheidend,*
*sondern immer erst das, was man danach tut!*

Robert Musil

Würde ein Fußballteam, das nach 45 Minuten knapp führt, vor
lauter Euphorie in der zweiten Hälfte das Spielen einstellen? Niemals! Aber warum verhält sich jeder zweite Bewerber so, nachdem
er einen neuen Job bekommen hat? Warum ist er beim Bewerben
(bestenfalls) klug und ausgefuchst – nur um in der zweiten Halbzeit, beim Antritt der Arbeit, mit leichtfertiger Siegesgewissheit den
Erfolg zu gefährden? Musil würde ihm zurufen: Entscheidend ist
nicht der erste Schritt, der Auftritt als Bewerber, sondern der zweite,
die Bewährung in der Praxis. Die ersten sechs Monate im neuen Job
sind Schritte auf dünnem Eis; jetzt fällt die »Spielentscheidung«.

Jede Firma ist wie ein Land: Es gelten eigene Gesetze. Und
die muss ein Neuer herausfinden. Wer den Kollegen sofort das
Du anbietet, nur weil die sich auch duzen, begeht schon den
ersten Fehler. Ein solches Angebot muss immer von den Etablierten kommen. Wer sich abfällig über einen teuren Lieferanten äußert, sollte vorher geklärt haben, ob das nicht der beste
Freund des neuen Chefs ist. Und geradezu selbstmörderisch ist
es, die Kollegen sofort mit Verbesserungsvorschlägen zu bombardieren. Solche Vorstöße wirken sich auf die Beliebtheit eines
neuen Mitarbeiters aus wie die Gewinnwarnung auf den Kurs
einer Aktie.

Die heimliche Erwartung lautet: Wer neu ist, hat sich den Gepflogenheiten unterzuordnen. Erst nach dieser Verbeugung wird er in den Indianerstamm aufgenommen. Idealerweise reist man durch ein fremdes Land mit einem einheimischen Führer. Wenn es Ihnen gelingt, einen Etablierten als Mentor zu gewinnen, haben Sie es leichter. Durch Fragen lässt sich herausfinden, welche politischen Empfindlichkeiten bestehen, auf welche fachlichen Feinheiten es ankommt und welche informellen Erfolgswege nutzbar sind. Übrigens ist der neue Chef kein schlechter Reiseführer. Denn er hat ein großes Interesse daran, dass sich seine Personalentscheidung als richtig erweist – während die neuen Kollegen in erster Linie ihre eigenen Pfründe verteidigen.

Wenn ein Neuer viele Fragen stellt, gut zuhört und auch mit aufrichtigem Lob nicht spart, drückt er so seinen Respekt vor dem Bestehenden aus. Es ist die Eintrittskarte, die sogar ein Überflieger lösen muss, der sich gegen 499 andere Bewerber durchgesetzt hat.

Also besser keinen Sekt köpfen, wenn man einen neuen Job erobert hat? Doch, aber erst nach der Probezeit!

## Millionär ohne Studium

Ein abgebrochenes Studium muss nicht das Ende,
sondern kann den Anfang einer großen Karriere
bedeuten.

*Wenn die anderen glauben, man ist am Ende,*
*so muss man erst richtig anfangen.*

Konrad Adenauer

Wenn sich Bill Gates, Günther Jauch und Stefan Raab einmal träfen, über welche gemeinsame Erfahrung könnten sie sprechen? Wie man mit abgebrochenem Studium Karriere macht! Bill Gates entschied sich für einen Beruf, für den man keine Abschlüsse braucht. Niemand musste ihn einstellen, ihn befördern, sein Gehalt erhöhen; Bill Gates wurde Unternehmer. Alles, was er für seinen Erfolg benötigte, waren Kunden. Und die haben nur auf die Qualität seines Angebots geblickt, nicht auf seine formale Qualifikation.

Warum trommeln so viele Menschen mit abgebrochenem Studium vergeblich gegen Unternehmenstüren, statt sich als Unternehmensgründer selbst ein Türchen zu öffnen? Das ist leichter als jemals zuvor. Man braucht im Internet-Zeitalter kein großes Startkapital, nur noch eine gute Idee. Frei nach Adenauer: Wer sein Studium abgebrochen hat, muss deshalb nicht am Ende sein, sondern er kann etwas pfiffiges Neues anfangen.

Eine andere Strategie wählten Günther Jauch und Stefan Raab: Sie entschieden sich für eine Branche, in der Talent und Kreativität mehr zählen als ein Staatsexamen: die Medien. Als Journalist, Moderator oder Werbetexter, als Komponist, Grafiker oder Web-Designer, als Autor, Drehbuchschreiber oder Schauspieler kommt man nie ohne Talent, zur Not aber ohne Studium aus. Auch in Berufen, in denen sich der Erfolg messen lässt, etwa im Vertrieb, sind Abschlüsse, die man mit Kunden tätigt, noch angesehener als Abschlüsse einer Hochschule.

Allerdings steht jeder, der sein Studium abgebrochen hat, bei akademischen Berufen in der Beweispflicht. Wie garantiert er, dass er mindestens so viel kann wie ein Hochschulabsolvent? Punktet er mit Praxiserfahrung? Besticht er durch Arbeitsproben? Sprechen Referenzen für ihn? Wer eine Festanstellung ohne Studium ergattern möchte, muss sich zunächst oft jahrelang als freier Mitarbeiter bewähren.

Und wenn der Wunschberuf, etwa eine Tätigkeit als Lehrer an einer staatlichen Schule, nur über ein Studium zu erreichen ist? Dann hilft kreatives Denken; denn was ein Lehrer tut, nämlich Wissen vermitteln, ist nicht nur im Klassenzimmer gefragt. Man könnte auch Fahrlehrer, Tanzlehrer, Trainer in der freien Wirtschaft, Ausbilder in einem Unternehmen oder Lehrer bei einer Handwerkskammer werden. All das erfordert dieselben Talente. Aber nicht zwingend ein Studium.

## Brauchen Sie einen Doktor?

In manchen Branchen ist der Doktortitel ein
Karrierehelfer – in anderen kann man getrost auf ihn
verzichten.

*Kein Mensch muss müssen.*

*Gotthold Ephraim Lessing*

Dass sie begehrt ist, die Promotion, steht außer Frage. Unklar ist:
bei wem? Öffnen sich mit dem Doktortitel die Karrieretüren, sind
die Unternehmen begeistert davon? Oder handelt es sich um einen hübschen Namensschmuck, der vor allem der Eitelkeit des
Trägers dient?

Die Antwort hängt von fünf Faktoren ab.

Erstens: Worüber wird promoviert? Wer eine Doktorarbeit
mit starkem Praxisbezug schreibt, etwa über Medikamentenfor-
schung oder über die Zukunft eines bestimmten Marktsegments,
der hat ungleich bessere Chancen bei einer Bewerbung, als jemand, der lediglich ein hochtheoretisches Steckenpferd seines
Professors neu gesattelt hat.

Zweitens: Wie groß ist die angestrebte Firma? Familienbe-
triebe und Mittelständler werten den Doktortitel oft als Überqua-
lifikation. Sie fragen sich: Was will ein Rennwagen in der Tempo-
30-Zone? Das Minderwertigkeitsgefühl angesichts der eigenen
Qualifikation, gerade bei Nichtakademikern, manifestiert sich
möglicherweise auch in dem Verdacht, der Promovierte könnte
lediglich ein praxisferner Theoretiker sein.

Drittens: Über welche Branche sprechen wir? Lessings Satz
»Kein Mensch muss müssen« trifft fürs Promovieren auf viele Be-

rufe zu, nicht aber auf alle. Wer in der Pharmabranche als Chemi-ker ohne Doktortitel etwas werden will, der könnte auch versu-chen, ohne Eintrittskarte beim Wiener Opernball einen Logenplatz zu ergattern. Dagegen ist der Doktortitel für praxisnahe Berufe, etwa Ingenieure oder Betriebswirte, allenfalls ein Plus – aber keine Notwendigkeit.

Viertens und ganz wichtig: Wie verkauft der Bewerber seine Promotion? Verschanzt er sich hinter der hohen Mauer seines Sachverstands? Oder macht er deutlich, welche Schlüsselqualifika-tionen dafür nötig waren – etwa Ausdauer, ein gutes Auge für Zusammenhänge, schriftliches Ausdrucksvermögen sowie die heutzutage so wichtige Fähigkeit, aus einem Berg von Informatio-nen gezielt die richtigen herauszufiltern? Diese Kompetenzen können der wahre Türöffner sein.

Fünftens: Um welches Karriereziel geht es? Für die meisten mittleren Führungskräfte ist der Doktortitel locker verzichtbar. Doch unter den Dax-Vorständen ist die Quote der Promovierten auffallend hoch; der Titel erleichtert den Zugang zur obersten Etage.

Fazit: Wer sich für eine Promotion entscheidet, sollte damit mehr anstreben als nur die Chance auf eine aussichtsreiche Karri-ere. Wer allerdings promoviert ist, kann den Doktortitel im Beruf durchaus nutzen. Sogar auf profane Weise, etwa bei der ersten Ge-haltsverhandlung. In größeren Unternehmen und Konzernen sind für Promovierte bis zu zehn Prozent höhere Einstiegsgehälter drin.

## Experte trifft Winnetou

Spezialisten sind gefragt. Aber sie sprechen eine andere Sprache als Führungskräfte.

*Ein Experte ist ein Mann, der hinterher genau sagen kann, warum seine Prognose nicht gestimmt hat.*

Winston Churchill

Der Experte beschwört seinen Chef: »Das Produkt ist noch nicht marktreif, glauben Sie mir!« Doch der Chef hält es mit Winston Churchill. Er nimmt die Aussage seines Spezialisten zur Kenntnis, aber er nimmt sie nicht ernst. Bedenkenträger hier, Schlipsträger dort: Der Graben zwischen Fach- und Führungskräften ist so breit wie der Grand Canyon. Der Experte wird das Gefühl nicht los, den Chef kümmerten die Feinheiten seiner Arbeit nicht (was stimmt!); und der Chef wird das Gefühl nicht los, der Experte schere sich nicht um die Zusammenhänge (was ebenfalls stimmt!).

Diese Differenz hat eine natürliche Ursache. Denn woran wird eine Fachkraft gemessen? Vor allem am Fachwissen. Und woran eine Führungskraft? Vor allem am Gesamtergebnis. Der Chef dirigiert das Orchester und hört das ganze Stück. Die Fachkraft spielt ein Instrument und fixiert ihr Notenblatt.

Kluge Experten blicken über den Rand der eigenen Arbeit hinaus: Welche Ergebnisse sind wichtig für den gesamten Bereich und die Firma? Welche Rolle spielt meine Arbeit dabei? Worauf muss ich achten, um den größten Gesamtnutzen zu erzielen? Zum Beispiel kann es klug sein, bei einem Produkt einen winzigen Fehler zu tolerieren, sofern der Markt es akzeptiert – statt das gelungene Firmenkonzert durch Protestrufe zu stören.

Aber Achtung! Wer Jahrzehnte als Spezialist auftritt, dem geht es wie Pierre Brice mit Winnetou: Die Rolle bleibt an ihm kleben; als Chef wäre er nicht mehr glaubwürdig. Wollen Sie aufsteigen, sollten Sie in Ihrer fachliche Rolle schnell Ihre Führungsqualitäten beweisen. Zum Beispiel, indem Sie Ergebnisse nicht nur erzeugen, sondern sie beim Meeting selbst präsentieren – und dabei rhetorische Kompetenz erkennen lassen. Indem Sie nicht nur Ihre Tagesarbeit verrichten, sondern auch Strategiepapiere für die Zukunft verfassen – und dabei Weitblick zeigen. Indem Sie Ihre fachliche Arbeit nicht im Alleingang erledigen, sondern Aufgaben delegieren und Teams koordinieren – und so Führungskompetenz beweisen.

Ein solcher Spezialist ragt über seine Fachposition so weit hinaus, dass die Firma nur zwei Möglichkeiten hat: Sie macht ihn einen Kopf kürzer – was unklug wäre. Oder sie befördert ihn – was klug wäre und wahrscheinlich ist. Denn Spezialisten werden in Zukunft immer begehrter sein.

Das ist meine Prognose. Als Karriereexperte. Ob Churchill mir glauben würde?

## Lob dem Vertrieb

Verkäufer arbeiten an vorderster Front.
Dabei kann man jede Menge lernen, auch für eine
Karriere im Management.

*Es stimmt nicht, dass alles teurer wird; man muss nur
einmal versuchen, etwas zu verkaufen.*

Robert Lembke

»Klinkenputzer!«, »Staubsaugervertreter!«, »Drücker!« Wer im Vertrieb arbeitet, muss sich viel gefallen lassen. Es wird so getan, als wäre der Verkauf von Produkten ein schmutziges Geschäft. Doch warum gilt es dann als ehrenwert, sich dieselben Produkte auszudenken, etwa als Entwicklungsingenieur, oder als kreativ, dieselben Produkte zu bewerben, etwa als Marketingfachmann? Tatsächlich ist der Vertrieb die wichtigste Abteilung von allen.

Was der Torjäger beim Fußball, ist der Vertriebsmitarbeiter in der Firma: Er erzielt die Treffer.

Wie schwer das Verkaufen ist, deutet das Zitat von Robert Lembke an. Viele Kunden wollen nicht nur vom Produkt, sondern auch vom Preis überzeugt sein. Den Verkäufern muss es gelingen, die Leistungen der anderen Abteilungen in Umsatz zu verwandeln; nur dann floriert eine Firma. Die tollsten Ideen der Entwicklungsabteilungen – was sind sie wert ohne einen guten Vertrieb? Und »Marketing-Kampagne« ist nur ein anderes Wort für »Geldverschwendung« – bis der Vertrieb jeden Cent, der ausgegeben wurde, wieder hereingeholt hat. Die Unternehmen wissen, was sie an guten Vertriebsmitarbeitern haben. Spitzenverkäufer verdienen oft mehr als ihr eigener Chef, der Vertriebsleiter.

Umso verblüffter bin ich, wenn viele Hochschulabgänger beim Blick auf den Vertrieb die Nase rümpfen: »Etwas verkaufen? Unter meiner Würde!« Dabei übersehen sie, dass Erfahrungen im Vertrieb wertvoll fürs Leben und für die Karriere sind. Wer verkauft, spricht mit Kunden. Wie ein Markt funktioniert, wo die Potenziale liegen und welche Unterschiede es zwischen Managementtheorie und Geschäftspraxis gibt – all das erfährt er aus erster Hand. Nebenbei schult er seine Rhetorik und seine Empathie. Wer es zur Meisterschaft darin bringt, Kunden von einem Produkt zu überzeugen, wird es auch meisterlich verstehen, seine Vorgesetzten von sich und seinen Ideen zu überzeugen. Er lernt die Kunst der Selbst-PR. Und er wird am selben Maßstab gemessen, der auch im Management zählen sollte: den Ergebnissen.

Der Vertrieb ist kein schmutziges Geschäft, sondern eine Talentschmiede. So mancher spätere Abteilungsleiter, Geschäftsführer oder Vorstand hat im Vertrieb angefangen. Solche Leute führen meist deutlich praxisnäher als Manager, die den Kunden nur vom Hörensagen kennen.

## 2. Bewerben: Und ewig lockt der neue Job

### Die verpönte Fluchtburg

Ein Bewerber sollte sagen, was ihn an der neuen Firma reizt – aber keinesfalls, was ihn an der bisherigen stört.

*Wir streben mehr danach, Schmerz zu vermeiden als Freude zu gewinnen.*

Sigmund Freud

Der Personaler kniff die Augen zusammen, als würde er in die tief stehende Sonne blinzeln. »Nun haben Sie sich bei uns um eine Führungsposition beworben. Und warum wurden Sie bei Ihrem alten Arbeitgeber nicht befördert?« Aus der Bewerberin, einer Ingenieurin (35), sprudelte es heraus: »Weil bei uns eher Männer als Frauen befördert werden.« Der Personaler nickte vielsagend und schob eine Frage nach: »Mal angenommen, Sie wären die oberste Chefin Ihrer jetzigen Firma – was würden Sie, abgesehen vom Frauenanteil, noch verändern?« Die Bewerberin schlug vor, den Austausch zwischen der Geschäftsleitung und den Ingenieuren zu verbessern, die Produktionszeiten für Innovationen realistischer zu kalkulieren und den Projektgruppen mehr Gestaltungsfreiheit zu lassen. Später, in der Karriereberatung, sagte sie: »Damit habe ich bewiesen, dass ich unternehmerisch denke.«

Hat sie das? Nein, beim Personaler kam an: Offenbar ist die Bewerberin unzufrieden mit ihrem Arbeitgeber! Steht sie auf Kriegsfuß mit der Geschäftsleitung? Versagt sie bei der Terminarbeit? Eckt sie in Projektgruppen an? Und wird sie deshalb nicht befördert?

Wer in den Verdacht gerät, als Bewerber auf der Flucht zu sein, wer – frei nach Freud – nicht Freude beim neuen Arbeitgeber gewinnen, sondern nur Schmerz beim alten vermeiden will, der rennt gegen verschlossene Türen.

Warum? Weil die Personaler unterstellen: Wer sich in seiner jetzigen Position wie auf einem Folterstuhl fühlt, ist bei der Wahl einer Alternative nicht wählerisch. Der lügt auch mal, um seiner misslichen Lage zu entfliehen. Der sucht auch mal eine Zwischenstation, wo er sich von der Strapaze erholen und nach einem besseren Job umsehen kann. Er gilt als Risiko. Zumal niemand weiß, ob seine Unzufriedenheit wirklich mit der alten Firma zu tun hat – oder mit ihm selbst. Ist er ein notorischer Nörgler, ein Bewohner des Niemals-zufrieden-Landes?

Natürlich ist dieses Personalerdenken kleinkariert – bei jedem Wechsel sind Fluchtmotive im Spiel –, aber Tatsache ist, dass die erfolgreichsten Bewerber sich nach dem Motto verkaufen: »In meiner jetzigen Firma fühle ich mich wohl und könnte noch viel erreichen, aber bei Ihnen sehe ich noch bessere Aussichten!« Ein Aufstieg vom Himmel in den siebten Himmel.

Wer bei seinem alten Arbeitgeber kurz vor einer Beförderung steht, ist interessanter als ein hörbar Frustrierter. Neue Arbeitergeber wollen begehrt sein – und keine Fluchtburgen!

## Die Sprache des Erfolges

Ein gutes Bewerbungsschreiben verzichtet auf
Phrasen und macht neugierig.

*Die Sprache ist das Haus des Seins.*

*Martin Heidegger*

Wenn die Sprache das »Haus des Seins« ist, wie der Philosoph
Martin Heidegger sagte, dann sind die meisten Bewerbungsschreiben nur trostlose Plattenbauten. Dass ein Bewerbungsschreiben immer nach demselben Muster aufgebaut und immer
mit denselben Phrasen gefüllt sein muss – dieser Irrglaube kriecht
wie eine Giftschlange durch die Gehirnwindungen vieler Bewerber.

Akt eins: Der Bewerber bezieht sich in bürokratischen Worten auf eine Ausschreibung oder ein Telefonat (»Bezug nehmend
auf Ihre Ausschreibung …«). Akt zwei: Er wiederholt das, was
ohnehin im Lebenslauf steht, noch einmal in Schlafwagenprosa
(»Nach meiner Tätigkeit für die Müller KG trat ich eine neue
Herausforderung in derselben Branche bei der Meyer GmbH
an.«). Akt drei: Das Anschreiben endet mit der überraschenden
Ankündigung, der Bewerber würde sich »über eine Einladung
zum Vorstellungsgespräch und ein persönliches Kennenlernen
freuen«. Und wenn der Personaler nicht gestorben ist, dann gähnt
er heute noch.

Doch es geht noch schlimmer! Neulich las ich den Satz: »Ich
strebe eine berufliche Veränderung an, um meine noch nicht im
vollen Maße entfalteten Potenziale zum Einsatz bringen zu können.« Dieser Schreibstil war schlecht, aber leider nicht schlecht

genug, um folgenden Verdacht zu verhindern: »Ist mit den nicht entfalteten Potenzialen etwa gemeint, dass der Bewerber in seiner jetzigen Firma auf keinen grünen Zweig kommt, weshalb er es nun bei uns versuchen will?«

Ein gutes Bewerbungsschreiben ist ein Lasso, mit dem Sie das Interesse des Empfängers einfangen. So können sie ihn schon vor dem entscheidenden Blick auf den Lebenslauf für sich einnehmen. Wenn Sie flotte Verben verwenden (statt ungelenker Substantive), griffige Aussagen machen (statt Standardphrasen zu dreschen) und Spannendes kurzfassen (statt Selbstverständliches romanhaft auszubreiten), dann wird Ihr Brief sich von den grauen Plattenbauten abheben wie eine Villa Kunterbunt.

Nehmen Sie das Wort Be-Werbung einmal wörtlich: Ihr Bewerbungsschreiben sollte für Sie werben – originell, pointiert, lebendig. Warum nicht mal so anfangen: »Wollen Sie wissen, welche drei Gründe dafür sprechen, dass ich der Richtige für Ihre Stelle bin?« Solche Sätze reißen Personalentscheider aus jener Vollnarkose, die ihnen Standardbriefe gnadenlos verpassen. Allerdings müssen nun drei wirklich gute Gründe folgen – sonst war das Ganze ein Pyrrhussieg.

## Lücken überbrücken

Aus sauren Zitronen lässt sich süße Limonade
machen: Verkaufen Sie die Lücken Ihres Lebenslaufes
so, dass der Empfänger seinen Vorteil sieht.

*Ich bin stolz auf die Falten.*
*Sie sind das Leben in meinem Gesicht.*

Brigitte Bardot

Was haben Schönheitschirurgen und Bewerber gemeinsam? Beide
tilgen Makel: der eine im Gesicht, der andere im Lebenslauf. Eine
Studie des Nürnberger Instituts für Arbeitsmarkt- und Berufsfor-
schung ergab vor einigen Jahren: Die Hälfte aller 1960 geborenen
Männer war nicht durchgehend berufstätig. Bei den Frauen lag
die Quote noch höher.

Unebenheiten im Lebenslauf – wie geht man damit um? Ist
es überhaupt sinnvoll, sie zu glätten? Oder verhält es sich mit
solchen Lücken, etwa aufgrund von Arbeitslosigkeit oder Krankheit, nicht wie mit Falten im Gesicht: dass man, wie Brigitte
Bardot sagte, stolz darauf sein darf? Gegenfrage: Glauben Sie,
die Bardot hat seit ihren ersten Fältchen nie mehr in den
Schminktopf gegriffen? Sicher hat sie! Mit jedem Fältchen etwas
mehr. Wer Falten im Gesicht oder Lücken im Lebenslauf hat,
darf natürlich stolz darauf sein. Aber er darf nicht erwarten, dass
der Betrachter ihn für attraktiver hält als einen makellosen Kandidaten.

Für Sie mag es wichtig gewesen sein, dass Sie eine Arbeitslosigkeit überwunden, die Welt umreist, einen kranken Angehörigen gepflegt oder sich ein Jahr lang Ihrer großen Liebe statt dem

Büro gewidmet haben. Das Fatale ist nur, dass solche Bekenntnisse dem Personaler eine Steilvorlage liefern, um Ihre Bewerbung auszusortieren. Und genau darin – im Aussortieren – sehen viele Personalentscheider ihren Job. Alles, was von der Norm abweicht, landet auf dem Stapel »unbrauchbar«. Der Blick ist (leider) nicht auf die Stärken eines Bewerbers, sondern nur auf seine vermeintlichen Schwächen gerichtet. Unregelmäßigkeiten im Lebenslauf führen regelmäßig zu Absagen.

Was folgt daraus? Seien Sie stolz auf Ihr Leben, auch auf die Umwege. Aber tun Sie als Bewerber alles, Ihre Stationen so zu verkaufen, dass der Empfänger seinen Vorteil sieht. Waren Sie wirklich nur arbeitslos? Oder haben Sie in dieser Zeit etwas für den Beruf gelernt, durch Lektüre, durch Kurse, durch Erfahrungen? War Ihre Weltreise wirklich nur eine Vergnügungstour? Oder haben Sie dabei etwas über fremde Kulturen, Sprachen und Geschäftsgepflogenheiten erfahren? Wetten, dass sich hinter jeder »Falte« Ihres Lebenslaufs, wenn Sie genau hinsehen, ein hübscher Vorteil für einen künftigen Arbeitgeber findet? Zeigen Sie diesen Nutzen auf, heben Sie ihn im Lebenslauf hervor, wie beim Schminken. Dann geben Sie eine gute Figur ab. Und sehen als Bewerber nicht alt (und faltig) aus.

## Partnersuche im Internet

Bei der Online-Bewerbung kommt es auf Feinheiten
an – zum Beispiel darauf, die richtigen Schlüsselwörter
zu verwenden.

*Die Zukunft hat viele Namen:*
*Für Schwache ist sie das Unerreichbare,*
*für die Furchtsamen das Unbekannte,*
*für die Mutigen die Chance.*

*Victor Hugo*

Die Romanistin (52) hämmerte während der Beratung mit dem
Zeigefinger aufs Papier:»In der Ausschreibung heißt es doch: ›Bewerbung per E-Mail oder per Briefpost‹.« Ihre letzten drei Stellen
habe sie auf dem Postweg ergattert – warum diesmal nicht auch?
Weil seither zehn Jahre vergangen sind. Und weil die Online-Bewerbung, damals noch ein Exot, heute zum Standard geworden
ist. Wer immer noch den Postweg einschlägt, läuft Gefahr, als Typ
von vorgestern, als Furchtsamer, der das Unbekannte meidet (wie
Victor Hugo es ausdrückt), abgestempelt zu werden.

Doch wie gelingt eine Online-Bewerbung? Viele Fettnäpfe
lauern, das geht schon bei der E-Mail-Adresse los. Wer seine Unterlagen als paul@web.de verschickt, obwohl er mit Nachnamen
Müller heißt, bietet dem Personaler indirekt das Du an – keine
gute Idee! Die E-Mail-Adresse sollte aus dem kompletten Namen
bestehen, nicht aus Abkürzungen oder Pseudonymen.

Manche Firmen laden Sie ein, Ihren Lebenslauf in ein Bewer-
bungsformular zu tippen. Der Trick: Greifen Sie möglichst viele
Schlüsselwörter aus der Ausschreibung auf. So fällt der Scheinwer-

fer auf Sie, wenn die Texte automatisch durchsucht werden, was oft passiert.

Eine andere Möglichkeit, um aufzufallen, ist das Gewicht Ihrer Daten. Wer zehn Megabite auf die Reise schickt, bringt Computer ins Schleudern und Personalchefs zum Fluchen. Dagegen transportiert eine kleine Datenmenge von maximal zwei Megabite die Botschaft: Dieser Bewerber denkt empfängerfreundlich, wird also auch kundenfreundlich arbeiten. Die Kunst besteht darin, Daten nicht nur zu komprimieren, sondern vor allem wegzulassen. Fassen Sie Dokumente zweiter Wahl, zum Beispiel ältere Fortbildungszertifikate, auf einer Liste zusammen und bieten Sie an, diese Papiere auf Wunsch nachzureichen.

Weniger ist mehr, auch beim Versand: Rauben Sie dem Empfänger keine Zeit, indem Sie ihn zum Anklicken vieler Anhänge nötigen, sondern packen Sie alle Unterlagen in ein einziges pdf-Dokument, inklusive Anschreiben.

Wenn alles komplett ist, folgt die Generalprobe: Mailen Sie Ihre Bewerbung einem Vertrauten zu. Kommen die Unterlagen wie gewünscht an? Lässt sich das pdf öffnen? Wenn ja, eröffnen sich Ihnen neue Chancen. Auch die Romanistin fand schließlich auf dem virtuellen Weg einen handfesten Job.

## Referenz als Trumpf

Nichts erhöht die Erfolgsaussichten einer Bewerbung
so sehr wie eine gute Referenz.

*Es ist schlimm, erst dann zu merken, dass man keine
Freunde hat, wenn man Freunde nötig hat.*

Plutarch

Noch immer stehen Firmen vor jeder Bewerbung wie vor einer
Black Box und rätseln: Was hat der Mensch hinter den wohlklin-
genden Unterlagen wohl zu bieten? Offenbart seine Bewerbung
ein besonderes Talent für die ausgeschriebene Stelle – oder doch
nur für Hochstapelei? In Jobs, wo Überzeugungstäter gefragt
sind, etwa im Vertrieb oder bei der Einwerbung von Geldmit-
teln, stellen sich diese Fragen umso dringender. Fehlgriffe sind
teuer, sie kosten Nerven, Geld und schlimmstenfalls das gute
Image.

Clevere Bewerber fragen sich: Wie gelingt es mir, einem potenziellen Arbeitgeber zu vermitteln, dass ich perfekt zu der Phi-
losophie einer Organisation und zu der ausgeschriebenen Aufgabe
passe? Es gilt dasselbe wie vor Gericht: Nur wer Zeugen hat, wirkt
glaubwürdig. Reicht also ein gutes Arbeitszeugnis? Nein, erstklassige Zeugnisse sind oft erstklassige Heuchelei. Deutlich wirkungs-
voller ist die persönliche Referenz, wie sie im englischen Sprach-
raum üblich, bei uns aber immer noch selten ist. Bitten Sie
Professoren, Vorgesetzte oder wichtige Kunden, die diskret und
Ihnen verbunden sind, ein paar Sätze über Ihre Qualitäten zu
schreiben, nach dem Motto: »Ich habe ihn erlebt als … Daher
kann ich ihn empfehlen für …« Referenzen sind, anders als Zeug-

nisse, freiwillig. Niemand muss sie schreiben. Wer es dennoch tut, wer die Stärken eines Menschen lobt, ihn für eine Aufgabe empfiehlt und sich anbietet, auch telefonisch Auskunft zu geben, tut es offenbar aus voller Überzeugung. Eine solche Empfehlung wiegt schwerer als zehn gute Zeugnisse. Erst recht, wenn Ihr Referenzgeber als Autorität in einer Branche gilt und nicht nur ein Kumpel aus dem Betriebssport ist, der auf derselben Hierarchieebene wie sie gearbeitet hat. Ein potenzieller Arbeitgeber schöpft durch die Referenz Vertrauen – zumal Sie vielleicht der einzige Bewerber sind, der Fürsprecher ins Feld führt.

Werden die Referenzgeber tatsächlich angerufen? Selten. Allein die Tatsache, dass sie ihren guten Namen zur Verfügung stellen, ist Beweis genug. Referenzen sorgen für Vorurteile der positiven Art und oft für eine Nasenlänge Vorsprung beim Bewerben.

Wohl dem, der klug genug ist, sich um Referenzgeber zu bemühen – und angesehen genug, welche zu finden. Denn bitter wäre es – frei nach Plutarch –, erst in dem Moment, wenn man Referenzgeber braucht, festzustellen: Ich habe keine!

## Das Bilder-Rätsel

Wer sich ohne Foto bewirbt, gibt der Firma ein Rätsel
auf – und das wird meist zu seinen Ungunsten gelöst.

*Das Leben ist ungerecht, aber denke daran:*
*nicht immer zu deinen Ungunsten.*

John F. Kennedy

Wie ein Gnadenerlass kam es vielen Bewerbern in Deutschland
vor, das Allgemeine Gleichbehandlungsgesetz von 2006. Alter
nennen? Foto beifügen? Nationalität angeben? Erlassen! Kein Unternehmen darf dies (im Normalfall) mehr verlangen. Niemand
soll beim Bewerben unfair behandelt werden, weil er eine Kerze
mehr auf der Geburtstagstorte, einen schiefen Zahn im Mund
oder einen Vater namens Abdullah hat. Soweit die Theorie.

Aber was geschieht, wenn Sie Ihr Foto weglassen, ohne dass
ein Unternehmen ausdrücklich darum gebeten hätte? Dann kann
es Ihnen ergehen wie einem Verdächtigen, der gegenüber der
Polizei die Aussage verweigert: Alles, was er nicht sagt, wird (heimlich) gegen ihn verwendet. Wer nicht aussagt, hat etwas zu verbergen! Zum Beispiel können Sie unberechtigt unter Häss-
lichkeitsverdacht geraten, was umso ungünstiger ist, je mehr
Kontakt mit Kunden und anderen Menschen eine Stelle beinhal-
tet, von repräsentativen Führungspositionen ganz zu schweigen.
Mit einem guten Foto wären Sie aus dem Schneider, auch wenn
Sie nicht als Zwilling von George Clooney oder Claudia Schiffer
durchgehen. Ein Foto baut Brücken für Sympathie. Nicht auf
makellose Schönheit, auf eine gewinnende Ausstrahlung kommt
es an. Ein Porträt bringt Sie dem Empfänger der Bewerbung nä-

her, als wenn er nur Ihren Namen läse. Warum sollten Sie nicht die Chance nutzen, von einem Profi diverse Fotos von sich schießen und anschließend Bekannte das sympathischste auswählen zu lassen? Wer Gesicht zeigt, ist gegenüber gesichtslosen Bewerbern im Vorteil. Das ist ungerecht, allerdings – frei nach John F. Kennedy – zu Ihren Gunsten.

Und wie steht es mit dem Alter? Können Sie wenigstens daraus ein Geheimnis machen? Besser nicht, denn die Eckdaten Ihres Lebenslaufs bieten eine Steilvorlage für Spekulationen. Im Zweifel werden Sie für älter gehalten, wenn ein junger Bewerber gefragt ist, und für jünger, wenn es auf Erfahrung ankommt. Indem Sie Ihr Alter verschweigen, treten Sie die Deutungshoheit an andere ab. Die so entfesselten Fantasien sind meist ungünstiger, in jedem Fall aber unberechenbarer als die Fakten.

Erst wenn Firmen in ihren Ausschreibungen klar sagen, dass Fotos und Altersangaben nicht erwünscht sind, ist ein Bewerber »ohne« auf der sicheren Seite.

## Ein Brief als Zünglein

Ob Sie als Bewerber erfolgreich sind, entscheidet sich in letzter Sekunde. Ein Brief nach dem Vorstellungsgespräch kann das Zünglein an der Waage sein.

*Um einen Liebesbrief zu schreiben, musst du anfangen, ohne zu wissen, was du sagen willst, und endigen, ohne zu wissen, was du gesagt hast.*

*Jean-Jacques Rousseau*

Jeden Morgen, wenn der Briefträger kommt, reißt der Bewerber ihm die Post aus den Händen. Zusage oder Absage – das ist hier die Frage. Fast alle Bewerber verlegen sich aufs Warten, sobald das Vorstellungsgespräch geführt ist, auch wenn die Antwort per E-Mail kommen soll. Als hätten sie alles, was möglich war, für ihren Erfolg getan. Das stimmt aber nur fast. Denn das Tüpfelchen auf dem i versäumen sie derweil: ein Schreiben nach dem Vorstellungsgespräch. Ein solcher Brief oder eine solche Mail gibt Ihnen die Gelegenheit, sich noch einmal von der Masse abzuheben. Von zehn Bewerbern, die sich vorstellen, nutzen nur ein bis zwei diese Chance.

Aber formulieren Sie nicht ins Blaue, wie Jean-Jacques Rousseau es für Liebesbriefe empfiehlt. Vielmehr sollten Sie die Argumente, die für Sie sprechen, noch einmal zusammenfassen. Zählen Sie drei Gründe auf, warum Sie perfekt zu der offenen Stelle passen und sich schon auf Ihren ersten Arbeitstag freuen. Sie glauben ja gar nicht, wie wichtig ein solches Schreiben sein kann, gerade wenn zwei Bewerber sich ein Kopf-an-Kopf-Rennen liefern.

Wer schreibt, ruft sich ins Gedächtnis. So kann er den Eindruck, den andere Bewerber hinterlassen haben, oft überstrahlen. Noch dazu sendet er die Botschaft aus: Ich bin engagiert, ich will diesen Arbeitsplatz wirklich haben! Die Vorstellung, begehrt zu sein, schmeichelt einem Unternehmen.

Die Wirkung ist umso größer, je individueller Sie Ihr Schreiben halten. Sagen Sie, was Ihnen an Ihrem Vorstellungsgespräch gefallen hat, zum Beispiel die offene Diskussion über eine Fachfrage oder die anschaulichen Beispiele für die Unternehmensphilosophie. Und verknüpfen Sie mit den drei Argumenten, die Sie zu Ihren Gunsten anführen, auch Informationen, die Sie erst im Vorstellungsgespräch erhalten haben – statt lediglich einen zweiten Aufguss Ihres Bewerbungsbriefes zu verfassen.

Welche Form ist besser, Brief oder Mail? Ein Brief ist die größere Rarität, er erregt mehr Aufmerksamkeit. Die Mail sol!ten Sie vorziehen, wenn ein Bewerbungsverfahren kurz vor der Entscheidung steht und eine schnelle Wortmeldung gefragt ist.

Wer seinen Auftritt als Bewerber mit einem solchen Schreiben abrundet, bekommt zwar keinen Liebesbrief als Antwort – aber in vielen Fällen eine Zusage.

## Die Reize des Alters

Reife Bewerber verschweigen oft ihr Alter –
dabei lässt sich mit diesem Pfund wuchern.

*Keine Grenze verlockt mehr zum Schmuggeln*
*als die Altersgrenze.*

*Robert Musil*

Wer behauptet, das Alter lasse grüßen, sieht sich bei einem Blick
in Lebensläufe getäuscht: Viele Bewerber ab Mitte 40 verschweigen ihre Lebensjahre wie eine peinliche Krankheit. Und stimmt es
nicht, dass das Alter auf dem Weg zum neuen Job ein Bremsklotz
ist? Dass ältere Arbeitnehmer unter dem Generalverdacht stehen,
ihr Wissen könne von vorgestern, ihre Gesundheit angeschlagen
und ihr Gehalt überhöht sein?

Höheres Alter erzeugt in der Arbeitswelt nicht zwangsläufig
höheren Respekt. Am wenigsten dort, wo Heerscharen (natürlich)
junger Unternehmensberater wie die biblische Heuschrecken-
plage über Firmen herfallen, die Kostenlandschaft abgrasen und
den älteren Mitarbeiter als zweibeiniges Sparpotenzial ausmachen.
Die Geschäftsleitung – meist ältere Herren mit Millionengehäl-
tern – nimmt diese Ratschläge gerne an, bezieht sie aber vorsichts-
halber nicht auf sich selbst, sondern nur auf ihre Angestellten.
Unter dem Tarnmäntelchen der Frühverrentung schubst sie dann
spätestens die Generation 55 plus vor die Tür.

Tut ein älterer Bewerber also gut daran, sein Alter zu verschweigen? Nein, denn es gilt das Gesetz der Ambiguität (Mehr-
deutigkeit), ein psychologischer Mechanismus: Wann immer eine
Lücke zum Spekulieren bleibt, füllen wir Menschen sie mit (meist

ungünstigen) Annahmen. Ein Bewerber von Ende 40, der sein Alter verheimlicht, wird nicht für einen Mittvierziger, eher für einen Mittfünfziger gehalten (sofern sein Lebenslauf diesen Schluss zulässt).

Was also tun? Erstens sollten ältere Bewerber nach Firmen suchen, die Mitarbeiter nach Leistung statt Lebensjahren beurteilen. Meist sind dies Mittelständler, die ihr Gehirn noch nicht an der Börse verkauft haben. Hören Sie sich im Bekanntenkreis nach solchen Firmen um. Zweitens beobachte ich: Den größten Erfolg haben reifere Bewerber, die mit ihrem Alter unverkrampft umgehen und ihre Lebensjahre offensiv als Vorteil verkaufen. Welche Erfahrungen, welche Kompetenzen, welche Kontakte bringen sie gerade aufgrund ihres Alters mit? Welche Probleme, vor denen eine Firma momentan steht, haben sie schon früher gelöst? Und wodurch ist ihre Leistung für den Arbeitgeber wertvoller (und nicht nur teurer) als die eines Jüngeren?

Wer unverkrampft zu seinem Alter steht, erzeugt unverkrampftere Reaktionen. Dagegen erhöht das Schmuggeln an der Altersgrenze (wie Musil das nennt), auch wenn es nur aus Schweigen besteht, den Absagereflex der Firmen.

## Der zweite Anlauf

Darf man sich dort, wo man schon einmal eine Absage kassiert hat, erneut bewerben? Ja, aber mit einem neuen Dreh.

*Wer einen Fehler gemacht hat und ihn nicht korrigiert, begeht einen zweiten.*

Konfuzius

Die Anglistin winkte mit einem Inserat: »Dieselbe Stelle ist jetzt erneut ausgeschrieben – darf ich mich noch mal bewerben?« Sie schien sich zu freuen, weil der Job noch zu haben war; vor einem halben Jahr hatte sie eine Absage bekommen. Doch es schwangen auch Zweifel mit: Warum sollte sie, die damals nicht mal zum Vorstellungsgespräch eingeladen worden war, nun bessere Karten haben? Würde ein zweiter Anlauf vielleicht sogar als Zeichen ihrer Uneinsichtigkeit gewertet, als ein wiederholter Fehler, wie ihn Konfuzius beschreibt?

Kommt drauf an! Wenn eine Firma dieselbe Stelle nach vier bis acht Wochen erneut ausschreibt, bedeutet das: »Leider war kein brauchbarer Bewerber dabei.« Wer seine Unterlagen nun wie einen Aufschlag beim Tennis retourniert, sorgt für Augenrollen. Offenbar ist er nicht in der Lage, sich in das Unternehmen hineinzuversetzen. Fehlt es ihm vielleicht auch sonst an Empathie und Intelligenz?

Anders sieht es aus, wenn eine Stelle nach sechs Monaten oder später noch einmal ausgeschrieben wird. Der erste Versuch, sie zu besetzen, ist offenbar gescheitert. Der Wunschkandidat hat sich als Fehlgriff entpuppt. Und von den anderen Bewerbern, die im Vorstellungsgespräch waren, hat anscheinend keiner so überzeugt, dass man ihm auf dem kurzen Dienstweg eine zweite Chance gegeben hätte.

Das heißt: Ein zweiter Anlauf ist erlaubt. Vergleichen Sie die Ausschreibungen. Hat sich etwas verändert? Der Anglistin fiel auf, dass die Firma einen Satz hinzugefügt hatte: »Erfahrungen im Mittelstand erwünscht.« Aha, daran hatte es dem ersten Kandidaten wohl gemangelt! Gerade dieser Punkt kann bei der zweiten Runde über den Erfolg entscheiden. Also hob sie schon zu Beginn ihres Anschreibens hervor, dass sie in einer Firma ähnlicher Größe mit Erfolg gearbeitet hatte.

Auch wenn die zweite Ausschreibung mit der ersten identisch ist: Überarbeiten Sie Ihren Brief und Ihren Lebenslauf, präsentieren Sie sich noch treffender. Sie können beispielsweise eine dritte Seite hinzufügen, auf der Sie Spannendes über Ihre Qualifikation mitteilen. So stoßen Sie neue Türen auf und vermeiden ein Wiederholungstäter-Image.

Wer sich beim Bewerben steigert, signalisiert zweierlei: Lernfähigkeit und Ehrgeiz. Solche Eigenschaften sind begehrt. Die Anglistin kam beim zweiten Anlauf immerhin ins Vorstellungsgespräch.

## Vorstellung mit Generalprobe

Vorstellungen gibt's im Theater – und beim Bewerben.
Eine Generalprobe senkt die Nervosität und erhöht die
Chancen.

*Reden lernt man durch Reden.*

Marcus Tullius Cicero

Würde ein Schauspieler die Bühne betreten, ehe er geprobt hat?
Niemals! Würde ein Marathonläufer an den Start gehen, ohne
trainiert zu haben? Keinesfalls! Wagt sich ein Bewerber ins Vorstellungsgespräch, ohne geübt zu haben? Klar doch! Wer einen Mund
hat, um zu sprechen, scheint zu meinen: Mit dieser Grundausstat-
tung lässt sich ein Vorstellungsgespräch bewältigen. Als flögen
ihm die Worte von alleine zu.

Dabei ist ein Vorstellungsgespräch eine Stresssituation; es
geht um die Wurst, um einen neuen Arbeitsplatz. Je stärker Sie
einen Job wollen, desto höher ist Ihre Anspannung. Und genau da
liegt das Problem! Die US-Psychologen Robert Yerkes und John
D. Dodson haben schon 1908 nachgewiesen, dass Menschen auf
mittlerem Anspannungsniveau am effektivsten handeln. Ist die
Anspannung niedriger, etwa direkt nach dem Aufstehen, fällt ihnen wenig Gescheites ein. Und ist die Anspannung höher, etwa in
einem Vorstellungsgespräch, fehlen ihnen oft die (richtigen)
Worte. Wer kennt das nicht: Die besten Antworten fallen einem
direkt nach einer Stresssituation ein -- aber nicht in der Verhandlung, nicht im Streit, nicht im Vorstellungsgespräch.

Der einzige Weg, die Anspannung zu mindern: Üben Sie Ihr
Vorstellungsgespräch! Denn Reden lernt man nur durch Reden,

wusste schon Cicero. Ein Freund kann den Firmenvertreter darstellen. Lassen Sie sich von ihm alle Fragen stellen, die Sie erwarten und (am meisten) fürchten. Spielen Sie das Gespräch im Detail durch. Mehrfach. Ich wette, Sie werden von Runde zu Runde besser. Und gewinnen mehr Sicherheit für Ihr reales Gespräch. Klar, angespannt werden Sie immer noch sein, aber nur noch auf mittlerem Niveau. Weil Sie das Gespräch im Rollenspiel trainiert haben, sind in Ihrem Gehirn neuronale Trampelpfade entstanden. Ihre Gedanken können den gebahnten Weg erneut einschlagen.

Ein Rollenspiel verhilft Ihnen auch zu stimmigeren Antworten. Sie können jedes Mal prüfen: Meine ich das, was ich sage? Oder kommt mir die Formulierung wie ein Fremdkörper über die Zunge (was oft bei Antworten aus Bewerbungsratgebern der Fall ist)? Wie man vor einem Spiegel seine Kleidung zurechtzupft, kann man sich in einem Rollenspiel seine Antworten zurechtzupfen, bis sie sitzen. Bis Sie nicht mehr eine Antwort geben – sondern Ihre! Wer sein Gespräch trainiert, wirkt nicht unecht, sondern authentisch. Das ist eine gute Voraussetzung, um einen Arbeitsplatz zu erobern, der perfekt zu Ihnen passt.

## Der Drei-Ohr-Bewerber

Bewerber brauchen ein drittes Ohr: Die wichtigen Aussagen im Vorstellungsgespräch finden sich oft zwischen den Zeilen.

*Das Wichtigste in einem Gespräch ist zu hören, was nicht gesagt wurde.*

Peter F. Drucker

Was Firmen in Vorstellungsgesprächen von sich behaupten, ist oft so weit von der Wahrheit entfernt, als wären Heiratsschwindler am Werk. Da bläst sich eine Provinzfirma vor dem Bewerber zum »Marktführer« auf, auch wenn dieser Markt an der letzten Haltestelle des Stadtbusses endet. Da verkauft sich eine Schlafmützen-Firma als »innovativ und für alle Ideen der Mitarbeiter offen«, auch wenn diese Ideen im Alltag vom Management wie Brotkrumen vom Tisch gewischt werden. Die offene Position wird als Himmelreich beschrieben, auch wenn mittlerweile drei Vorgänger an diesem Job verzweifelt sind und sich von ihren Burn-outs kurieren. Und derselbe Vorgesetzte, der dem Bewerber aus dem Mantel hilft und Kaffee nachschenkt, erinnert bei seinen Wutanfällen im Alltag fatal an Rumpelstilzchen.

Für Vorstellungsgespräche gilt frei nach Peter F. Drucker, dem großen Management-Vordenker: Glauben Sie nicht alles, was Sie hören – das Wichtigste ist, was nicht gesagt wird! Ein drittes Ohr, einen wachen Kombinationssinn brauchen Sie, um das zu hören.

Wenn Sie zum Beispiel am Ende des Gespräches fragen, welches die größten Schwierigkeiten in Ihrem neuen Job wären, dann ist eine ausweichende Antwort auch eine. Offenbar will man Ihnen die – womöglich explosive – Wahrheit verschweigen. Jeder neue Mitarbeiter wird als Problemlöser eingestellt. Wenn eine Firma leugnet, überhaupt Probleme zu haben, müssen diese beschämend groß sein.

Oder erkundigen Sie sich, was aus dem letzten Inhaber der Stelle geworden ist. Was fand er am schwierigsten an seinem Job? Fällt die Antwort der Firmenvertreter einsilbig aus, ist Gefahr im Verzug. Denn dieselbe Schlangengrube, in der Ihr Vorgänger festsaß – zum Beispiel überzogene Ansprüche eines Vorgesetzten –, wartet nach Ihrer Einstellung auf Sie.

Weitere Signale, auf die Sie achten sollten: Wie behandelt der Chef die Sekretärin, die den Kaffee bringt? In welcher Tonlage sprechen Ihre Gesprächspartner miteinander? Und werden Sie bei Ihrem Gespräch wie ein Gast behandelt oder eher wie ein Verdächtiger beim Verhör?

Was Sie zwischen den Zeilen lesen, ist meist wahrer als das polierte Verbal-Kleingeld der gesprochenen Worte. Gehen Sie jedem Verdacht, jedem unguten Gefühl durch eine gründliche Recherche nach, ehe Sie einen Arbeitsvertrag unterschreiben.

Oft wird übersehen, dass sich in einem Vorstellungsgespräch nicht nur die Firma für oder gegen einen Bewerber entscheiden kann – sondern auch umgekehrt!

# 3. Karrierestrategie: Schachzüge für Spitzenerfolg

## Die Lawinen der Lüge

Wer sich durchs Berufsleben lügt, lebt gefährlich: Die Lawinen seiner Lügen holen ihn früher oder später ein.

*Eine Lüge ist wie ein Schneeball:*
*Je länger man ihn wälzt, desto größer wird er.*

Martin Luther

Was Luchs, Seeadler und Feldhase in der Natur sind, ist die Wahrheit im Geschäftsleben: eine aussterbende Gattung. Schlechte Quartalszahlen werden wie Mofas frisiert, um an den Börsen knatternd Lärm zu machen. Langweilige Bausparverträge bläst die Werbung zu Eintrittskarten für ein Millionärsleben auf, mit Haus, Auto, Boot. Und was die Firmen in ihren Visionen am lautesten preisen, vermissen die Mitarbeiter im Alltag am schmerzlichsten.

Lohnt es sich da, der Wahrheit selbst noch zu dienen? Oder lässt sich eine Karriere besser als Lügengebäude errichten? Sollten Sie sich zum Beispiel mit Erfolgen schmücken, die Ihrem Kollegen zu verdanken sind; sich als »Freund« eines Branchen-Promis bezeichnen, auch wenn es nur eine Facebook-»Freundschaft« ist; oder sich Leistungen in der letzten Firma andichten (»Umsatzvolumen verdoppelt!«), die in der Realität nur halb so groß waren?

Sicher, viele Karrieristen sind auf der Kanonenkugel in ihre Positionen geritten. Aber wie lange halten sie sich dort? Eine Karriere, die auf Schwindeleien baut, gleicht dem von Martin Luther beschriebenen Schneeball – die Lügen türmen sich auf bis zur Lawine. So kenne ich einen Vertriebsmitarbeiter, der sich im Vorstellungsgespräch als Goldkehlchen seiner alten Firma beschrieben hatte, als Umsatzkönig. Auf dieser Basis wurde er eingestellt. Doch dann – der Schneeball wuchs – musste er Details über seine vergangenen Erfolge erzählen. Vor allem erwartete man ähnliche Großtaten am neuen Arbeitsplatz. Er begann, seine Zahlen zu frisieren. Erst ein wenig. Dann ein wenig mehr. Mit diesen Tricks schwindelte er sich durchs erste Jahr. Doch nach 18 Monaten riss ihn seine eigene Lügenlawine in den Abgrund; eine zufällige Begegnung zwischen seinem aktuellen Geschäftsführer und seinem ehemaligen Vorgesetzten war der Auslöser – in Wirklichkeit hatte er in seiner Ex-Firma nicht als Goldkehlchen, sondern nur als Spesengeier gegolten.

Natürlich ist es legitim und für den Berufserfolg notwendig, Gutes zu tun und darüber zu reden, die eigenen Leistungen zu polieren und sie geschickt auszuleuchten. Professionelle Selbst-PR zaubert aus dem Hut, was tatsächlich drin ist, nur mit Tusch und Lichteffekt. Die Lüge dagegen handelt mit heißer Luft.

Wer zum Münchhausen mutiert, dem sind im Job zwar Höhenflüge gewiss, auf Dauer aber in die falsche Richtung – im hohen Bogen zur Firma hinaus.

## Karriere im Fluss

Starre Karrierepläne waren gestern. Heute ist eine flexible Karriereplanung gefragt.

*Nur wer sich ändert, bleibt sich treu.*

Wolf Biermann

Ist es im Beruf wie bei einer komplizierten Zugreise? Braucht man, um sicher ans Ziel zu kommen, einen Reiseplan? Die Ratgeberliteratur hat einen Erfolgsgaranten ausgemacht, als ließe sich eine Karriere zentimetergenau planen, Station für Station. Zu einer Berufswelt, die sich schneller wandelt als je zuvor, passt diese Planwirtschaft allerdings so wenig wie eine Ritterrüstung zur rhythmischen Sportgymnastik.

Was nützt der beste Karriereplan, wenn die Aufgabe, die man begehrt, nach Fernost ausgelagert wird? Was nützt er, wenn die Firma, in der man aufsteigen will, in der Insolvenz oder als Abfallprodukt einer Fusion endet? Und was, wenn die ganze Branche, auf die man setzt, im Strudel der Globalisierung absäuft?

Außerdem: Derselbe Mensch, der in jungen Jahren noch eine globale Karriere plant, kann nach seiner ersten Auslandserfahrung national denken. Derselbe Mensch, der als Studienabgänger einen Aufstieg anstrebt, kann beim Blick ins Haifischbecken des Managements einsehen, dass ihn eine Fachposition doch mehr erfüllt.

Wahr ist: Die Zugkraft von Zielen wächst, wenn man sie aufschreibt und sie sich im Detail ausmalt. Das weckt Optimismus und legt Nervenbahnen im Gehirn an, die zielorientiertes Handeln erleichtern. Wahr ist aber auch: Jedes Ziel, das Sie heute festlegen, kann nur ein vorläufiges Ziel sein, das Sie immer wieder abgleichen sollten mit dem, was sich in der Berufswelt und an Ihrer Einstellung verändert.

Nicht das Ziel ist entscheidend, sondern Ihre Werte dahinter. Eine wichtige Frage lautet daher: Was ist gewährleistet, wenn Sie Ihr Ziel erreicht haben? Wer beispielsweise Geschäftsführer werden möchte, könnte antworten: »Dann kann ich endlich nach meinen eigenen Wünschen ein Geschäft gestalten.« Dieser Wert – die Gestaltungsmöglichkeit – ließe sich aber auch in der Selbstständigkeit verwirklichen. Warum sollte dieser Kandidat nicht eine Firma gründen, wenn ihm eine interessante Geschäftsidee zufliegt? Nur weil sein Karriereplan eine andere Richtung vorsieht?

Planwirtschaft ist ein Fluch, auch bei Karriereplänen. Der moderne Karriereplan gibt eine Zielrichtung, aber kein starres Endziel vor. Er erforscht die Werte, die ein Ziel symbolisiert und schärft den Blick für alternative Wege. Manchmal ist es ratsam, ein altes Karriereziel aufzugeben und sich ein neues zu stecken. Mit Wolf Biermann gesagt: »Nur wer sich ändert, bleibt sich treu!«

# Die Auslandsfalle

Auslandsaufenthalte gelten als Karrierebeschleuniger –
doch sie können auch als Bremsklotz wirken.

*Gegen Angriffe kann man sich wehren,*
*gegen Lob ist man machtlos.*

Sigmund Freud

Der deutsche Maschinenbauer hatte ein Problem: Die Teile, die
seine chinesische Niederlassung lieferte, wiesen Fehler auf. Offenbar haperte es an Ingenieurswissen und am Kommunikationsfluss
zwischen Zentrale und Niederlassung. Bislang waren nur deutsche
Kaufleute vor Ort, keine Techniker.

Deshalb beschloss die Firma, einen jungen Ingenieur nach
China zu schicken, als Bindeglied zwischen den deutschen und
den chinesischen Technikern. Ruckzuck standen vier Kandidaten
auf der Matte. Einer bekam den Zuschlag und war überglücklich.
Den Auslandaufenthalt sah er als perfektes Karrieresprungbrett
für eine Laufbahn in der Zentrale.

Das war vor vier Jahren. Seither hat sich für ihn nichts ver-
ändert. Er arbeitet immer noch in derselben Position. Immer
noch in China. Mehrfach hat er signalisiert, dass er zurück in die
Zentrale will. Doch jedes Mal wird sein Ansinnen mit einer
Waffe abgeschmettert, gegen die man laut Freud machtlos ist:
Lob. Er bekommt zur Antwort: »Sie machen Ihre Sache in
China hervorragend. Wir wollen Ihren Abzug noch nicht ris-
kieren.«

So mancher Auslandsaufenthalt, der ein Zwischenstopp
sein soll, gerät zum Karriere-Endbahnhof. Ehe der Kandidat

sich versieht, wird ihm der Stempel »Auslandsspezialist« aufgedrückt. Derweil klettern die Kollegen in der heimischen Zentrale die Karriereleiter nach oben. Sie pflegen ihre Kontakte, hören das Gras frei werdender Stellen wachsen und genießen »Ansehen«, im wahrsten Sinne des Wortes: Man sieht sie bei wichtigen Besprechungen, bei entscheidenden Präsentationen, bei Personalgesprächen. Dagegen ist der Legionär vom Radar verschwunden. Bei der Personalplanung hat ihn keiner mehr auf dem Zettel.

Sicher, Auslandsaufenthalte können den Horizont erweitern, geschäftlich und kulturell. Aber vor Antritt sollten Sie mit Ihrer Firma einen klaren Rahmen abstecken – schriftlich! Vereinbaren Sie, wie lange der Aufenthalt dauern soll und welche Karrieretüren sich danach für Sie öffnen können. Setzen Sie durch, dass Sie mindestens zweimal im Jahr für 14 Tage in der Zentrale arbeiten und Ergebnisse präsentieren können – das ist wichtig für die Kontaktpflege, für die Selbst-PR, für Ihre Präsenz.

Dann wird das Lob, das Sie für Ihre Arbeit im Ausland ernten, nicht zum Superkleber, der Sie dort festhält, sondern zum Beschleuniger Ihrer Karriere in der Zentrale.

## Der Nachfolger-Trick

Wer befördert werden will, kann seine Chancen
erhöhen – indem er einen Nachfolger für sich
präsentiert.

*Ein Egoist ist ein unfeiner Mensch,*
*der für sich mehr Interesse hat als für mich.*

Ambrose Bierce

Der Volkswirt war siegessicher, als er seine Bewerbung auf den
Weg brachte. In der Nachbarabteilung war eine Führungsposition
freigeworden, und er passte perfekt ins Profil. Das Vorstellungsgespräch lief so gut, dass er sich schon befördert sah. Doch sein
Chef, der Abteilungsleiter, legte ein Veto gegen den Wechsel ein.
Begründung: Der Volkswirt sei für seine Abteilung im Moment
unersetzbar. Damit zerschellte das Traumschiff der Beförderung
an den Klippen der Realität.

Eine Ausnahme? Nein, die Kleinstaaterei hat große Firmen
wie eine Seuche im Griff. Jeder Abteilungsfürst ist sich selbst am
nächsten und hält – frei nach dem Schriftsteller Ambrose Bierce –
seine Interessen für wichtiger als die der Firma und erst recht für
wichtiger als die des Mitarbeiters. Jede fähige Arbeitskraft, die
geht, bedeutet ein Problem für ihn und seine Abteilung. Und Probleme sind unerwünscht!

So entsteht eine groteske Situation: Wer seinen Job perfekt
erledigt, erhöht damit nicht die Wahrscheinlichkeit auf Beförderung – sondern produziert selbst den Klebstoff, der ihn genau an
diesem Sessel festhält. Hier hilft nur eine List. Denn worum geht
es Ihrem Chef? Er will sicherstellen, dass seine Abteilung auch

nach Ihrem Abgang reibungslos funktioniert. Wenn Sie also in der eigenen Firma wechseln wollen und dazu den Segen Ihres Chefs brauchen – denken Sie für ihn mit! Die entscheidende Frage lautet: Wer wird Ihre Arbeit erledigen, wenn Sie nicht mehr da sind? Kluge Mitarbeiter bauen von langer Hand einen Nachfolger auf (was später auch gut fürs Networking ist) oder stellen die Wechselbereitschaft eines interessanten Kandidaten sicher. Nur ein solcher Vorschlag kann einen klammernden Chef doch noch zum großzügigen Personalspender machen – schließlich lässt er sich gerne nachsagen, dass die besten Pferde aus seinem Stall kommen.

Diese Taktik funktioniert erst recht dann, wenn Sie Ihrem Chef ankündigen, wie Sie in Ihrer neuen Funktion – sofern möglich – mit ihm kooperieren werden, indem Sie beispielsweise weiterhin gemeinsame Projekte voranbringen. Oder den Einfluss des gemeinsamen Bereichs stärken. Solche Argumente, die den Vorteil betonen, den der Chef von Ihrem Wechsel hat, sind der beste Weg, um doch noch das begehrte Reiseticket zu ergattern – und den Provinzbahnhof der Abteilung auf elegante Weise zu verlassen.

## Der überschätzte Lebenslauf

Eine Entscheidung, die Ihrem Lebenslauf dient,
muss nicht immer gut sein – wichtiger sind Ihre
eigenen Bedürfnisse.

*Wie bei einem Theaterstück kommt es im*
*Leben nicht darauf an, wie lange es dauert,*
*sondern wie gut es gespielt wird.*

*Seneca*

»Diese Firma ist die Hölle, wirklich!« Der junge Geologe sieht
mich an wie ein geprügelter Hund. Ich frage zurück: »Warum
gehen Sie dann nicht?« – »Ich bin doch erst acht Monate
dort.« – »Aber Sie haben mir doch gerade erzählt, Ihr Chef sei
ein Sadist. Und dass man Ihnen nur Praktikanten-Aufgaben
zuweist.« Er atmet tief durch: »Ja, schon. Aber wenn ich nur so
kurz bleibe, hängt mir das im Lebenslauf doch die nächsten 30
Jahre nach.«

Eine typische Szene: Menschen entscheiden im Beruf nicht
mehr nach ihren Bedürfnissen. Die heilige Kuh, der sie alles un-
terordnen, ist ihr Lebenslauf. Und stimmt es nicht, dass man mindestens zwei Jahre in einer Firma bleiben sollte, ehe man wechselt?
Stimmt es nicht, dass viele Personaler in den Lebenslauf wie in
eine Kristallkugel blicken, um dann abenteuerliche Schlüsse zu
ziehen? Etwa den, dass ein Wechsel schon nach anderthalb Jahren
auf »Sprunghaftigkeit und mangelndes Durchhaltevermögen«
hindeute?

Alles richtig. Und falsch zugleich. Denn wenn Sie sich entscheiden müssen, wem Sie dienen wollen, Ihrem Lebenslauf oder

Ihrer Lebensqualität, dann würde Seneca Ihnen zurufen: Nicht die Länge, sondern die Qualität eines Arbeitsverhältnisses ist entscheidend. Niemand sollte in einer Firma bleiben, die ihn krank macht. Wenn Sie sich jeden Morgen an Ihren Arbeitsplatz quälen müssen, wenn Sie abends nach Hause kommen mit einem Gefühl, als hätten Sie einer Beerdigung beigewohnt, wenn Ihre Firma das reinste Irrenhaus ist und der Wahnsinn langsam auf Sie überschwappt, dann sollten Sie den Mut haben, das Gebäude auch mal durch den Notausgang zu verlassen.

Ein Berufsleben dauert heute über 40 Jahre. Wer zwei- oder dreimal nur kurz bei einem Arbeitgeber verweilt, also weniger als zwei Jahre, erleidet dadurch keine Nachteile – erst recht nicht, wenn er sich schon vor seiner Kündigung eine schlüssige Folgeposition organisiert.

Entscheidend ist, wie Sie Ihren Wechsel begründen. Argumentieren Sie nie damit, Sie hätten es in Ihrer alten Firma nicht mehr ausgehalten (auch wenn das stimmt!), sondern weisen Sie stets auf die Attraktivität des neuen Angebotes hin.

Der junge Geologe hat sich schließlich doch noch getraut. Heute arbeitet er für ein großes Fortbildungsinstitut. Als ich ihn neulich traf, blickte ich in glänzende Augen. Keine Spur mehr vom geprügelten Hund.

## Die Latte des Erfolges

Erfolge sind nur dann wertvoll, wenn der wichtigste
Mensch dieser Erde sie anerkennt: Sie selbst!

*Ich bin zufrieden, wenn meine nächste Ehe die
Haltbarkeit von Joghurt überdauert.*

Elizabeth Taylor

Wer es bis an die Spitze schafft, ein Unternehmen mit 500 Mitarbeitern leitet – ist der erfolgreich? Wer in der Politik durchstartet,
es bis zum Ministerpräsidenten bringt – ist der erfolgreich? Wer
als Wissenschaftler eine Professur ergattert und mit einem For-
schungspreis ausgezeichnet wird – ist der erfolgreich? Wenn wir
die Maßstäbe der Gesellschaft anlegen, lautet die Antwort: Ja!
Aber dieser Maßstab ist nicht entscheidend. Viel wichtiger ist, ob
der Betreffende sich selbst für erfolgreich hält.

Was, wenn der Geschäftsführer eigentlich einen Dax-Kon-
zern leiten möchte – und nicht nur »eine Klitsche mit 500 Mitarbeitern« (wie er das nennt)? Was, wenn der Ministerpräsident in
Wirklichkeit Bundeskanzler sein will, den Weg in dieses Amt aber
dauerhaft blockiert sieht? Was, wenn der Wissenschaftler alle Anerkennung abseits des Nobelpreises für null und nichtig hält?
Oder wenn er in tiefstem Herzen ein verhinderter Künstler ist, ein
Maler, der die Wissenschaft nur als Trostpreis für einen entgange-
nen Traum sieht?

Es verblüfft mich in der Beratung immer wieder, wie viele
Menschen sich für Versager halten, obwohl sie, von außen betrachtet, als höchst erfolgreich gelten. Persönliches Erfolgsempfin-
den hat nichts mit objektiven Fakten, nur mit subjektiven Maß-

stäben zu tun. Wer die Latte auf 2,20 Meter legt, aber nur 2 Meter springt, fühlt sich als Versager. Läge die Latte dagegen auf 1,90 Meter, käme ihm derselbe Sprung als beachtlicher Erfolg vor – so wie Elizabeth Taylor bei ihrer x-ten Ehe nicht auf eine Goldene Hochzeit, sondern nur auf das Haltbarkeitsdatum eines Joghurts schielte.

Gerade erfolgreiche Menschen, die mit sich hadern, sollten immer wieder auf die Meta-Ebene gehen: Wie wird das, was ich erreicht habe, von anderen Menschen beurteilt, etwa von Freunden? Was sagen Weggefährten dazu, die dasselbe Fach studiert oder denselben Beruf erlernt haben? Und wie wird meine Erfolgsbilanz von denen gesehen, die mich gefördert, vielleicht auch befördert haben?

Diese Außenperspektive hilft, die eigene Leistung mehr zu würdigen und die Latte des eigenen Anspruchs nicht in den Himmel zu hängen. Erfolg ist nur wertvoll, wenn man ihn auch genießen kann. So wichtig es ist, sich anspruchsvolle Ziele zu setzen, so wichtig ist es auch, Teilerfolge nicht mit einem Versagen zu verwechseln.

## Was kostet Ihr Triumph?

Jeder Erfolg hat seinen Preis. Nur wer diesen Preis kennt, kann stimmige Karriere-Entscheidungen fällen.

*Wo viel Licht ist, ist starker Schatten.*

Johann Wolfgang von Goethe

Wie wäre das: eine Spitzenposition im Management zu erobern, aber nur acht Stunden pro Tag zu arbeiten? Oder das: auf dem neuesten Fortbildungsstand zu sein, ohne Energie in Kurse und Bücher zu stecken? Die besten Tipps aus der Branche zu bekommen, ohne Networking zu betreiben? Einfluss zu haben, ohne lästige Meetings zu besuchen? Ausgeglichen zu sein, ohne sich Zeit für die Work-Life-Balance zu nehmen?

Das wäre vor allem: unrealistisch! Alles, was Sie im Beruf erreichen wollen, hat seinen Preis. Wo viel Licht ist, sagt Goethe, ist starker Schatten. Wer auf dem neuesten Bildungsstand sein will, muss dafür Zeit und Energie investieren, auch über den Feierabend hinaus. Wer im richtigen Moment über glänzende Kontakte verfügen will, muss sich in jahrelanger Kleinarbeit ein Netzwerk schaffen. Und wer bei Entscheidungen auf eine Hausmacht zurückgreifen will, der muss diese vorher bei zahllosen Meetings und informellen Treffen aufgebaut haben.

Wenn Sie süße Brombeeren ernten wollen, müssen Sie sich vorher durch stachliges Gebüsch arbeiten. Stimmige Entscheidungen werden Ihnen nur dann gelingen, wenn Sie nicht nur auf die Beeren, sondern auch auf die Stacheln achten. Eine Führungsposition zum Beispiel hätte ihren Preis. Sie müssten Ihre geliebte Fachtätigkeit zurückfahren, mit dem Neid der Überholten kämpfen, sich in der neuen Rolle als Anfänger bewähren und Ihr Privatleben durch längere Arbeitszeiten einschränken. Erst wenn Sie diese Kehrseiten einer Entscheidung kennen, können Sie überlegen: Ist es mir das wert? Oder lohnt es sich nicht?

Ihr Unterbewusstsein nimmt solche Abwägungen pausenlos vor. So kenne ich Dutzende Mitarbeiter, die schon seit Jahren den Arbeitgeber wechseln wollen, aber nicht mal eine Bewerbung schreiben. Offenbar »wollen« sie nicht wirklich! Offenbar hat ihr Unterbewusstsein den Preis der Veränderung registriert und für zu hoch befunden. Ein Grund: Jemand möchte seine geschätzten Kollegen nicht verlieren. Ein solches Hindernis ist wie ein Eisberg unter der Oberfläche Ihres Bewusstseins, es kann eine klare Entscheidung blockieren.

Erst wenn Ihr Verstand solche Eisberge registriert, können Sie klären, welche Routen daran vorbei führen – oder ob Sie von einer Veränderung absehen. Wer entscheiden will, muss entschieden sein. Und auch den Preis einer Entscheidung kennen.

## Es lebe die Unzufriedenheit!

Unzufriedenheit ist ein Treibstoff,
der Menschen oft zu großen Leistungen trägt.

*Den Fortschritt verdanken die Menschen*
*den Unzufriedenen.*

*Aldous Huxley*

Der Wunsch ist verständlich, aber auch gefährlich: Menschen streben nach Zufriedenheit. Wie schön wäre es, mit dem eigenen Arbeitgeber, der Position, dem Gehalt, dem Bildungsstand und der eigenen Leistung zufrieden zu sein! Was gerne übersehen wird: Ein gewisses Maß an Unzufriedenheit, eine Kluft zwischen Wunsch und Wirklichkeit, treibt Entwicklungen voran und reizt uns zu Spitzenleistungen. Nicht umsonst sagte der englische Schriftsteller Aldous Huxley, dass die Unzufriedenen für den Fortschritt sorgen.

Wir würden noch heute in Höhlen hocken, mit den Händen essen, den Kaiser bejubeln oder mit der Pferdekutsche durchs Land holpern, wären wir damit vollkommen zufrieden gewesen. Unzufriedenheit schiebt Veränderungen an.

Wer mit seiner Leistung nicht vollkommen zufrieden ist, bleibt wach und lernfähig, entwickelt sich täglich weiter. Wer mit seiner Bildung nicht vollkommen zufrieden ist, besucht Kurse, liest Bücher, gewinnt einen Mentor und beginnt vielleicht ein Zweitstudium. Und wer mit seinem aktuellen Arbeitgeber hadert, hält die Augen am Arbeitsmarkt offen, findet möglicherweise seinen Traumjob oder startet als Unternehmensgründer durch.

Dass Unzufriedenheit antreibt, kann man bei großen Künstlern beobachten. Nie vollkommen zufrieden mit dem, was sie geschaffen haben, feilen und schleifen, experimentieren und verbessern sie bis ins hohe Alter hinein. Franz Kafka, der (fast) vollkommene Schriftsteller, war mit seinem Werk so unzufrieden, dass er es nach seinem Tod verbrannt wissen wollte. Hätte ein zufriedener Mensch *Das Schloss* überhaupt schreiben können? Sicher nicht!

Zufriedenheit ist ein Schaukelstuhl, sie schläfert ein. Der Zufriedene wird schnell selbstzufrieden. Er tritt auf der Stelle, lebt im Gestern, wird überholt.

Will ich Sie also zur Unzufriedenheit auffordern? Nur indirekt. Zwar sollten Sie herausfinden, welche Wünsche hinter Ihrer aktuellen Unzufriedenheit stehen – und diese Wünsche auch verwirklichen –, aber stecken Sie sich rechtzeitig neue, größere Ziele, damit ein gewisses Maß an Unzufriedenheit nachwachsen kann. Dieser feine Stachel kann Sie und Ihr Berufsleben in Bewegung bringen. Vollkommene Zufriedenheit dagegen könnte vollkommene Langeweile bedeuten.

# 4. Die heimlichen Spielregeln: Vom Verhandeln und Durchstarten

## Gehaltspoker

Schlucken Sie Ihre Gehaltswünsche nicht runter, sondern verhandeln Sie, sobald Sie Ihre Leistung deutlich gesteigert haben.

*Oktober. Einer der besonders gefährlichen Monate für Börsenspekulationen. Die anderen sind Juli, Januar, September, April, November, Mai, März, Juni, Dezember, August und Februar.*

Mark Twain

Es gibt nur eine Methode, die garantiert, dass Ihre Frage nach einer Gehaltserhöhung nicht abgelehnt wird: Schlucken Sie den Wunsch runter! Leider wird diese Methode millionenfach angewandt, mit fatalen Nebenwirkungen. Gehaltswünsche sind wie Magengeschwüre, die nicht behandelt werden. Sie wachsen, werden gefährlicher, nagen an der Motivation.

Die meisten Chefs sehen sich als Gralshüter des Gehaltsetats. Solange sie nichts anderes hören, gehen sie davon aus, dass der Mitarbeiter mit seinem Gehalt zufrieden ist. Mehr noch: Wer nie nach mehr Gehalt fragt, gerät in den Verdacht, keine Erhöhung verdient zu haben. Dagegen gelten Kollegen, die dauernd mit einem Gehaltswunsch auf der Matte stehen, als aktiv und zupackend – was sie ja tatsächlich auch sind, allerdings nur beim Verhandeln …

Wann ist der richtige Zeitpunkt für eine Gehaltsverhandlung? Aus Sicht der Firmen gilt, was Mark Twain für die Börse feststellte: niemals! Keine Chance vor der Krise, dann hortet die Firma das Geld für die schlechten Zeiten. Keine Chance während der Krise, denn jetzt wird der Gürtel enger geschnallt. Und keine Chance nach der Krise, denn jetzt muss die Firma sich von der Krise erholen. Doch nach meiner Erfahrung ist jede konjunkturelle Jahreszeit nicht nur der falsche, sondern auch der richtige Zeitpunkt – sofern Sie Ihre Forderung gut begründen.

Stellen Sie sich Ihre Leistung und Ihr Gehalt wie die zwei Schalen einer Waage vor. Sobald Sie auf der Leistungsseite nachlegen, gerät die Firma unter Zugzwang. Was haben Sie zum Erfolg beigetragen? Wie haben Sie Einnahmen gebracht oder Ausgaben gespart (gerade in der Krise!)? In welchen Punkten liegt Ihre Leistung deutlich über dem, was bei Ihrer letzten Gehaltserhöhung vereinbart wurde? Legen Sie eine Leistungsmappe an, in der Sie Ihre Highlights auflisten. Das hilft Ihnen beim Argumentieren und öffnet Ihrem Chef die Augen.

Welcher Monat ist günstig zum Verhandeln? Tatsächlich sollten Sie den von Mark Twain genannten Oktober, aber auch November und Dezember meiden – denn dann stürmen alle auf den Etatkuchen los, sodass die einzelnen Stücke klein und schnell vergeben sind. Wer seinen Anspruch zwischen Januar und September anmeldet, hat bessere Karten. Der (künftige) Etat ist noch nicht verteilt, und das Kuchenstück Ihrer Gehaltserhöhung kann größer ausfallen.

## Der sture Verhandlungsbock

Eine Verhandlung fängt erst an,
wenn Sie auf Widerstand stoßen.
Wer hartnäckig bleibt, setzt sich durch.

*Wer kämpft, kann verlieren.*
*Wer nicht kämpft, hat schon verloren.*

*Bertolt Brecht*

Die Gehaltsverhandlung war gescheitert, noch ehe sie begonnen hatte. »Die Firma hat dafür kein Geld«, knurrte der Bereichsleiter. Und die Filialleiterin, die den Vorstoß gewagt hatte, sagte gekränkt: »Ich wäre aber dran gewesen!« Der Konjunktiv verriet, dass sie ihre Forderung bereits abgeschrieben hatte.

Dass zwei Menschen nicht dieselbe Sprache sprechen, ist ein alltäglicher Vorgang beim Verhandeln. Die Ablehnung des Chefs war nicht als endgültiges »Nein« gemeint; er wollte lediglich sagen: »Wenn Sie mehr Geld wollen, müssen Sie mit guten Argumenten dafür kämpfen!« Eine Verhandlung hört nicht auf, wenn zwei Standpunkte aufeinanderprallen, sie fängt dann erst an. Wer sich nun zurückzieht, verhält sich so wie ein Fußballstürmer, der erst gar nicht aufs Tor schießt, weil dort – Überraschung! – ein Torwart steht. Wer nicht kämpft, sagt Brecht, hat schon verloren.

Lehnt der Vorgesetzte einen Gehaltswunsch ab, ist das meist ein Versuchsballon: Mal sehen, ob der Mitarbeiter die Kröte schluckt oder ob es ihm wirklich ernst mit seiner Forderung ist.

Die Folgen sind fatal: Nicht die leistungs-, sondern die verhandlungsstärksten Mitarbeiter setzen sich mit ihren Gehaltsforderungen durch. Das ist so, als würden beim Fußball nicht die besten Schüsse mit einem Tor belohnt, sondern die raffiniertesten Diskussionen mit dem Schiedsrichter.

Eigentlich wäre es die Aufgabe der Chefs, die Etatströme so zu lenken, dass zusätzliche Leistungen automatisch mit zusätzlicher Vergütung belohnt werden. Mitarbeiter, die es verdient haben, sollten mehr Verdienst bekommen – von alleine, auf Initiative des Chefs, und nicht erst auf Druck des Mitarbeiters.

Aber solche Vorgesetzten sind in der freien Wildbahn selten, deshalb gilt: Verhandeln Sie hartnäckig. Lassen Sie sich nicht von der ersten Ablehnung in die Flucht jagen. Zeigen Sie auf, dass Sie in Vorleistung gegangen sind, dass Sie Ihre Leistung seit der letzten Verhandlung erheblich gesteigert haben – und dass nun die Firma am Zug ist. Nur wenn Ihr Chef merkt, dass es Ihnen ernst mit dieser Forderung ist, nur wenn Sie keine konjunktivgeschwängerte Bitte säuseln, sondern eine fundierte Forderung vorbringen und sie mit einer klaren Argumentation untermauern – nur dann lässt er als Gehalts-Torwart Ihre Forderung passieren. Ausnahmsweise.

## Wenn Westernhelden fordern

> Beim Verhandeln ist es wie beim Duell im Western:
> Je früher man zieht, desto kleiner der Frust –
> und desto größer die Chancen.

> *Nicht weil es schwer ist, wagen wir es nicht,*
> *sondern weil wir es nicht wagen, ist es schwer.*
>
> Seneca

Die Grafikerin schleicht ins Büro ihres Chefs, schaut an ihm vorbei und stammelt: »Ich möchte, ähm, kündigen.« Der Chef starrt sie entsetzt an: »Wie bitte!?« Die Mitarbeiterin haucht: »Nun, ich habe ein gutes Angebot.« – »Besser als Ihr Vertrag bei uns?« Sie nickt. Der Chef beugt sich nach vorne: »Liegt es am Gehalt?« – »Nicht nur – ich hätte auch gern größere Projekte betreut.« Der Chef holt tief Luft: »Das hätten Sie doch alles haben können! Warum haben Sie all die Jahre nie einen Ton gesagt?!«

Hat der Chef versagt? Aber sicher! Statt aktiv die Bedürfnisse der Mitarbeiterin zu erkunden, hat er ihr Stillhalten als Zustimmung gedeutet.

Hat die Mitarbeiterin versagt? Gewiss! Erst beim Abschied rückt sie mit ihren Wünschen heraus – warum nicht früher? Ob es um Gehalt, reizvolle Aufgaben, Beförderungen oder wohlklingende Titel geht: Nur wer sagt, was er will, wird bekommen, was er braucht. Der Grund, warum so viele Mitarbeiter ihre Wünsche runterschlucken, ist derselbe wie beim Flirten. Wer einen Vorstoß wagt, kann abblitzen. Doch wer in der Deckung bleibt, vermeidet paradoxerweise beides: nicht nur die Abfuhr, auch die Erfüllung seines Wunsches!

Seneca hat recht: Je länger einer mit seinem Vorstoß zögert, desto schwerer wird es. Wer beispielsweise eine Führungsposition anstrebt, damit aber erst im zehnten Dienstjahr mit 45 Jahren herausrückt, muss sich fragen lassen: »Warum fällt Ihnen das erst jetzt ein?« Wer eine Ewigkeit nicht nach mehr Gehalt fragt, beschwört die Reaktion herauf: »Warum gerade jetzt? Die letzten sieben Jahre ging es doch auch ohne!« Und wer wichtige Projekte immer anderen überlässt, schafft damit ein Gewohnheitsrecht zu seinen Ungunsten und sorgt für Verblüffung, wenn er endlich seinen Anspruch anmeldet – womöglich noch in aggressivem Ton, weil er sein Bedürfnis viel zu lange runtergeschluckt hat.

Fragen Sie sich: Was erwarte ich von meiner Firma? Welche Voraussetzungen brauche ich, um motiviert und effektiv zu arbeiten? Und vor allem: Was hat die Firma davon, wenn sie auf meine Vorstellungen eingeht? Auf dieser Basis können Sie offen mit Ihrem Chef verhandeln. Gerne schon vor dem Tag Ihrer Kündigung; dann haben Sie noch etwas davon …

# Volles Risiko!

Im Berufsleben gilt dasselbe wie im Kasino:
Nur wer viel riskiert, kann viel gewinnen.

*Wer sich nicht in Gefahr begibt, kommt darin um.*
Ernst Bloch

»Fehlerteufel«, dieses Wort sagt alles. Fehler werden mit der Hölle verbunden, mit Forke und Feuer, mit schwerem Leid. Wenn ein Projekt baden geht, ein Produkt floppt oder ein Großkunde abspringt – was passiert dann in Ihrer Firma? Ich wette, schon Minuten später beginnt die Fahndung nach einem Schuldigen. Wer Fehler begeht, scheint des Teufels.

Dieses Treiben schüchtert ein – so sehr, dass mancher Mitarbeiter den ganzen Tag damit verbringt, Fehler zu vermeiden. Alle Entscheidungen, die über das Hochfahren des Computers hinausgehen, stimmt er mit seinem Vorgesetzten ab. Alle Ideen, denen kein Szenenapplaus sicher ist, behält er für sich. Und jeden Schritt abseits des Dienstweges, auch wenn dort der Erfolg winkt, unterlässt er tunlichst.

Doch schon aus der griechischen Sage ist bekannt: Je mehr man etwas fürchtet und vermeiden will – zum Beispiel Ödipus den Vatermord –, desto mehr beschwört man es herauf. Der Fehler kann eben darin bestehen, Fehler vermeiden zu wollen. Oder, wie der Philosoph Ernst Bloch es in Abwandlung des Bibelzitats (Jesus Sirach 3, 27) ausdrückte: »Wer sich nicht in Gefahr begibt, kommt darin um.«

Der Risikoscheue gleicht einem Fußballstürmer, der nur dann aufs Tor schießt, wenn er sich hundertprozentig sicher ist, dass der

Ball auch drin ist. Damit sinkt erstens die Zahl seiner Treffer rapide, weil mindestens die Hälfte der Tore aus riskanten Schüssen hervorgeht. Und zweites wird sein Spiel unendlich langweilig, ohne Volleyschuss, ohne Fallrückzieher, ohne auffällige Aktionen.

Dasselbe gilt im Beruf: Profilieren können Sie sich nie, indem Sie nur Fehler vermeiden – sondern nur, indem Sie Fehler riskieren. Eine Idee für die strategische Entwicklung Ihrer Firma, eine Entscheidung über Ihren Kompetenzbereich hinaus, eine visionäre Rede: Das alles ist riskant – aber es bietet gleichzeitig große Chancen. Solche Aktionen verschaffen Ihnen Aufmerksamkeit und (heimliche) Anerkennung. Es reicht, wenn von drei solchen Schüssen einer in den Winkel trifft. Sogar für mutige Fehlschüsse – wie im Fußball beim Fallrückzieher – kann es Applaus geben, wenn die gute Idee dahinter sichtbar wird und Ihr beherztes Handeln Sie von den Berufszauderern unterscheidet.

Wer kalkulierte Risiken eingeht, hebt sich von der Masse ab und kommt vorwärts. Alle großen Karrieren haben so begonnen. Wer aber lediglich Fehler vermeidet, landet auf der Ersatzbank – und kommt um in jener Gefahr, die er meiden wollte.

## Die Spielregeln der Macht

In jedem Unternehmen gelten heimliche Spielregeln.
Nur wer sie kennt und beachtet, ist auf Dauer
erfolgreich.

*Mit der Macht kann man nicht flirten,*
*man muss sie heiraten.*

André Malraux

Die Chemikerin war die Bescheidenheit in Person. Nach ihrer
Beförderung zur Abteilungsleiterin wurde ihr ein Einzelbüro angeboten, doch sie meinte: »Ich muss die Chefin nicht raushängen
lassen, bisher hat das auch gut geklappt.« Und blieb im Groß-
raumbüro bei ihren Mitarbeitern sitzen. Als Dienstwagen wählte
sie das kleinste Modell. Bei Bahnreisen fuhr sie immer zweiter
Klasse, obwohl sie erster hätte fahren dürfen. Und statt einen
Parkplatz direkt vor dem Firmengebäude zu beanspruchen, wie
die anderen Abteilungsleiter, stellte sie ihr Auto nach wie vor auf
der allgemeinen Parkfläche ab.

Zwei Probleme trieben sie ein halbes Jahr später in die Beratung: »Meine Abteilungsleiter-Kollegen setzen immer wieder
Meetings an, ohne mich zu informieren. Und immer mehr Mitarbeiter halten sich nicht an die Arbeitszeiten, trotz meiner Forderung.« Klarer Fall: Sie war zur Chefin ernannt worden, aber nie in
der Chefrolle angekommen. Sie hatte – frei nach dem französi-
schen Schriftsteller André Malraux – nur mit der Macht geflirtet,
sie aber nicht durch Heirat angenommen.

Da sie nach wie vor auf ihrem alten Stuhl saß, statt im Chefbüro, nach wie vor auf dem alten Parkplatz stand, statt auf dem

Chefparkplatz, und nach wie vor in der Holzklasse reiste, statt in der Chefklasse, wurde sie auch nach wie vor als einfache Mitarbeiterin wahrgenommen, und zwar von den Abteilungsleiter-Kollegen genauso wie von ihren Mitarbeitern. Und wie sah sie sich eigentlich selbst? Warum hatte sie sämtliche Chefprivilegien in den Wind geschlagen? War es ihr unangenehm, den (Ex-)Kollegen übergeordnet zu sein? Wie wollte sie nach außen eine Rolle leben, die sie offenbar nicht verinnerlicht hatte?

Vor allem zeigte die Chemikerin, dass sie die Spielregeln in ihrem Pharmakonzern nicht verstanden hatte – etwa die Tatsache, dass aus der Größe des Büros, aus den PS des Dienstwagens und aus der Nähe des Parkplatzes zum Firmengebäude auf die Wichtigkeit einer Führungskraft geschlossen wurde. Solche Spielregeln darf man töricht finden, dennoch gelten sie, wie die Regeln beim Schach. Auch die kann man ignorieren – aber dann verliert man das Spiel.

Kleiner Trost: Wer sich bis an die Spitze einer Firma hocharbeitet, kann neue, vernünftigere Regeln etablieren. Das würde ich gerade Frauen wie dieser Chemikerin durchaus zutrauen. Aber mit so viel Bescheidenheit kommt man niemals oben an. Schade eigentlich.

## Auftrag plus X

Wer Aufträge erfüllt, tut nur seine Pflicht.
Doch wenn Sie mehr tun, als man von Ihnen erwartet,
gelten Sie bald als Beförderungskandidat.

*Die Normalität ist eine gepflasterte Straße;*
*man kann gut darauf gehen – doch es wachsen*
*keine Blumen auf ihr.*

*Vincent van Gogh*

Ein Auftrag des Chefs: »Bitte recherchieren Sie die Marketing-Strategien unserer drei größten Mitbewerber, und legen Sie mir je eine kurze Analyse vor – bis Freitag.« Was tut der typische Mitarbeiter? Drei Wettbewerber analysieren. Bis Freitag. Eine solche Leistung ist – frei nach von Gogh – so unauffällig wie eine gepflasterte Straße; Blumen wachsen nicht auf ihr.

Dieser Mitarbeiter streicht sich mit asphaltgrauer Tarnfarbe an. Er fällt nicht negativ auf. Aber auch nicht positiv! Wer Erwartungen erfüllt, mag als zuverlässig gelten, aber nie als brillant. Wer tut, was man ihm sagt, wird als bemüht gesehen, aber nie als engagiert.

Wie hätte ein herausragender Mitarbeiter den Auftrag umgesetzt? Vielleicht hätte er die Strategien von fünf Wettbewerbern recherchiert und seine Berichte schon am Mittwoch vorgelegt. Vielleicht hätte er jeweils eine Kurzanalyse und eine längere Analyse verfasst. Vielleicht wäre er auf die Idee gekommen, seine Ist-Analyse mit einer Prognose anzureichern. In jedem Fall hätte er das, was bestellt war, nicht nur geliefert, sondern es übertroffen – in Quantität und Qualität. Leistungs-Blumen!

Malen Sie sich aus, welchen Eindruck das macht: Ein Mitarbeiter überflügelt eine Anforderung aus eigenem Antrieb, und zwar so, dass sein Handeln nicht nach Übermut riecht, sondern nach Mitdenken und Engagement. Solche Ausreißer nach oben prägen sich ein, heben einen Mitarbeiter aus der Masse heraus und machen ihn interessant.

Erst recht, wenn diese Übererfüllung des Solls bei ihm nicht die Ausnahme, sondern die Regel ist. Wer fällt dem Chef wohl ein, wenn er ein spannendes Projekt zu vergeben hat? Wen wird er für Beförderungen oder Gehaltserhöhungen ins Auge fassen? Von wem wird er bei seinem Vorgesetzten schwärmen? Wer mehr tut als der Durchschnitt, kommt auch schneller vorwärts als der Durchschnitt.

Es sei denn, Sie haben es mit einem Chef zu tun, der selber nur ein Soll-Erfüller ist. Dann laufen Sie als äußerst engagierter Mitarbeiter Gefahr, als »Überflieger« zu gelten und gedeckelt zu werden. Nun lohnt gute Selbst-PR: Sorgen Sie durch Präsentationen, Hausmitteilungen und Mund-zu-Mund-Propaganda dafür, dass die gehobenen Vorgesetzten Ihre Leistungsblüten im Asphalt sehen. Schon so mancher Hochengagierte wurde zum Chef seines (faulen) Chefs ernannt.

# Die Erreichbarkeitsfalle

Wer immer für seinen Chef erreichbar ist,
erweckt den Eindruck, er habe nichts Wichtiges zu tun.
Sorgen Sie fürs Gegenteil!

*Haltung lässt sich leichter bewahren*
*als wiedergewinnen.*

Thomas Paine

So wie ein Hund rennt, wenn sein Herrchen pfeift, so stürmen viele Mitarbeiter los, wenn der Chef etwas von ihnen will. Rund um die Uhr sind sie erreichbar, Mail oder Anruf genügt. Einen Wimpernschlag später stehen sie beim Chef auf der Matte, rufen zurück oder schicken eine Mail. Sie wollen zeigen, wie eifrig sie sind. Stets zu Diensten, Chef!

Eine Kleinigkeit übersehen sie dabei: Wie halten es die Wichtigen der Arbeitswelt, die Chefs, die Minister, die Unternehmenslenker, mit ihrer Erreichbarkeit? Springen sie, sobald man sie ruft? Haben sie Zeit, sobald man sie sprechen will? Nein, ihre Terminkalender sind so voll, dass keine Mücke darin landen könnte, ohne sich in frische Tinte zu setzen. Dass man warten muss, vertröstet wird, nicht sofort zum Zug kommt, ist ganz normal. Wer bedeutend und viel beschäftigt ist, lässt sich lange bitten.

Welcher Eindruck entsteht, wenn ein Mitarbeiter immer sofort Zeit für seinen Chef hat? Wenn man ihn jedes Mal sofort erreicht, ihn offenbar niemals stört, er stets Gewehr bei Fuß steht? Offenbar hat er nicht viel zu tun. Zumindest nichts Wichtiges! Wartet er den ganzen Tag darauf, dass sein Chef etwas von ihm will?

Die umgekehrte Variante ist günstiger: Was, wenn Ihr Chef Sie ruft, Sie aber gerade in einem wichtigen Kundengespräch sind, ein entscheidendes Strategiepapier abschließen müssen oder noch zwei Stunden brauchen, um die Eckdaten des neuen Großauftrages festzuzurren? Was, wenn Sie gerade in einem internationalen Innovations-Meeting sitzen?

Mag sein, dass Ihr Chef zunächst sauer ist, weil Sie nicht sofort springen. Aber insgeheim wird er denken: »Offenbar ist der Mitarbeiter ausgelastet und mit wichtigen Projekten beschäftigt!« Und dieses Muster kennt er nur zu gut von sich selbst und von anderen Chefs.

Zudem wirkt Ihr Verhalten erzieherisch. Der Chef wird Sie nicht mehr jederzeit wegen jeder Kleinigkeit stören. Denn Sie haben Prioritäten gesetzt und – frei nach US-Gründervater Thomas Paine – Haltung bewahrt, statt sie erst wiedergewinnen zu müssen.

Heißt das, Sie sollten Ihrem Chef Geschäftigkeit vorspielen, wo keine ist? Nein, aber wenn Sie gerade etwas Wichtiges tun, nehmen Sie sich das Recht heraus, es ihm auch deutlich zu sagen. Oder sagen zu lassen – weil Sie gerade unabkömmlich sind.

## Die Rückkehr der Verantwortung

Wenn Ihnen ein Unglück im Beruf passiert,
können Sie andere dafür anklagen – oder sich nach
Ihrem Anteil fragen. Der zweite Weg ist klüger.

*Wenn der Deutsche hinfällt, steht er nicht auf,*
*sondern sieht sich um, wer ihm schadenersatzpflichtig*
*ist.*

Kurt Tucholsky

Die typische Reaktion, sobald jemand im Beruf stolpert? Er sucht nach einem Schuldigen! Wenn der gut organisierte Konzern, bei dem er anzuheuern meinte, sich als Chaostruppe entpuppt – dann hat der Personalchef gelogen! Wenn das Projekt, das ihm übertragen wurde, zum Himmelfahrtskommando wird – dann hat ihn sein Chef in eine Falle gelockt. Und wer mit 55 Jahren seinen Hut nehmen und einem Jüngeren weichen muss, der verflucht die Profitgier seiner Firma und die soziale Kälte im Land.

Was auffällt: Die Verantwortung wohnt immer im Nachbargebäude, nie unter dem eigenen Dach. Wer sich als Opfer definiert, begeht drei Fehler. Erstens übersieht er seinen eigenen Anteil. Zweitens bleibt er, wie Tucholsky es beschreibt, am Boden liegen, statt aufzustehen. Und drittens lernt er nicht für die Zukunft.

Wer sich zum Beispiel im Vorstellungsgespräch das Paradies ankündigen lässt, der wird nicht nur belogen – sondern der lässt sich auch belügen. Hat er vorher recherchiert, wie es in dieser Firma zugeht? Hat er über soziale Netzwerke den Kontakt zu Firmenmitarbeitern gesucht und sich aus erster Hand informiert? Ist er nach Feierabend einmal in den Bus vorm Firmengebäude gestiegen, um zu erleben, wie Mitarbeiter sich nach einem Arbeitstag fühlen? Natürlich nicht! Naiv wie Rotkäppchen hat er sich Märchen erzählen lassen. Wer diesen eigenen Anteil erkennt, der kann daraus fürs nächste Vorstellungsgespräch lernen.

Fragen Sie sich bei Stürzen immer: »Was habe ich dazu beigetragen?« Mussten Sie das halsbrecherische Projekt wirklich annehmen? Hätten Sie nicht Bedingungen formulieren können? Oder Ihren Chef mit in die Verantwortung nehmen, auch durch Zwischenberichte mit definierten Voraussetzungen für den Erfolg?

Sogar mancher Ältere, der entlassen wird, hat selber dazu beigetragen. Hat er seine Leistungen durch gute Selbst-PR publik gemacht? Hat er sein Wissen auf dem neuesten Stand gehalten? Und warum verharrte er, sofern er Alternativen am Arbeitsmarkt hatte, in einer Firma, die systematisch Ältere hinauskegelt? Das ist, als würde man in einem Löwengehege campieren, später aber beklagen, man sei angefallen worden.

Ein Ingenieur, den ich beriet, ist aus dem Gehege seiner irren Firma geflohen: Mit 53 Jahren machte er sich noch selbstständig. Heute leitet er einen erfolgreichen Kleinbetrieb. Alternativen gibt es immer – wenn man handelt, statt sich behandeln zu lassen.

## Das falsche Zeugnis

Arbeitszeugnisse sind eine gefährliche Angelegen-
heit – sogar dann, wenn man sie selbst schreibt.

*Die Wahrheit wird nur zu oft, wie man sagt,*
*verdunkelt, aber sie erlischt nie.*

Titus Livius

Der Geologe zwinkerte mir in der Beratung zu: »Na, was sagen Sie
zu diesen Zeugnissen?« Sein Blick schrie nach Applaus. Doch die
drei Dokumente aus verschiedenen Firmen glichen sich wie Dril-
linge – vom Aufbau, vom Schreibstil und vom überzogenen Lob
her. Allein das Wort »ausgezeichnet« kam je dreimal vor. Warum
schrieb er seine Zeugnisse selbst? Welche unansehnlichen Wahrheiten verbargen sich unter diesem grellen Lobanstrich? Der Geologe hatte die Wahrheit nicht neu erfunden, wie er meinte, sondern sie nur »verdunkelt«, wie Livius es ausdrückt. Im Zeugnis
warf sein schlechtes Verhältnis zu den Chefs, das er mir später
gestand, feine Schatten. Die »guten« Zeugnisse waren wohl nur
unterschrieben worden als Reisetickets, um ihn loszuwerden.

Jedes Zeugnis ist ein Spagat zwischen zwei gesetzlichen Anforderungen: dem Wohlwollen und der Wahrheit. Die codierte
Zeugnissprache soll beides unter einen Hut bringen, ohne dass der
Arbeitnehmer es bemerkt. Der Klassiker: Statt dem Mitarbeiter zu
sagen, er sei Mittelmaß, wird ihm eine Leistung »zur vollen Zufriedenheit« nachgesagt. Dabei müsste es in einem (sehr) guten
Zeugnis »(stets) zur vollsten« heißen.

Wer dafür gelobt wird, er habe ein gutes Verhältnis zu Kollegen und Vorgesetzten gepflegt, der hatte offenbar mit seinen Chefs

Probleme (sonst würden die Vorgesetzten an erster Stelle stehen). Wer gepriesen wird für seine »stetige Pünktlichkeit und Freundlichkeit«, der hat außer Selbstverständlichkeiten nichts auf die Reihe bekommen. Und wen die Firma aus einem Arbeitsverhältnis ohne gute Zukunftswünsche verabschiedet, den wünscht sie offenbar zum Teufel.

Genauso wichtig wie das, was in einem Zeugnis steht, ist das, was dort nicht steht. Wenn bei einer Führungskraft nichts zu den Führungsqualitäten gesagt wird, ist damit genug gesagt. Erst recht, wenn das Zeugnis nicht warm und persönlich klingt, sondern kühl wie das Klirren von Eiswürfeln im Longdrinkglas.

Wie kommt man zu einem guten Zeugnis? Erstens: Nutzen Sie natürliche Anlässe, beispielsweise einen Wechsel des Chefs, um ein Zwischenzeugnis zu erbitten. Dieser Maßstab hilft Ihnen, falls Sie später im Unfrieden gehen. Zweitens: Gleichen Sie Ihr Zeugnis sofort mit der Fachliteratur ab, um schädliche Kassiber korrigieren zu lassen. Und drittens: Formulieren Sie Ihr Zeugnis nicht aus, sondern liefern Sie nur eine Rohvorlage. Damit helfen Sie der Wahrheit auf die Sprünge, ohne später in den Verdacht zu geraten, sie verdunkelt zu haben.

# 5. Alltäglicher Wahnsinn: Das Irrenhaus lässt grüßen

## Lügen ohne Krankenschein

Dass Mitarbeiter sich seltener krankmelden,
heißt noch lange nicht, dass sie seltener krank sind.

*Ich stehe Statistiken etwas skeptisch gegenüber.*
*Denn laut Statistik haben ein Millionär und ein armer*
*Kerl je eine halbe Million.*

*Franklin D. Roosevelt*

Wie wird ein Bettler steinreich? Indem man ihn in eine Statistik steckt, wie Franklin D. Roosevelt das beschreibt. Ebenso schafft es die Statistik, frustrierte Mitarbeiter als Motivationsraketen erscheinen zu lassen. Immer mehr Firmen entdecken die »Krankenquote« als Gradmesser der Zufriedenheit. So mancher Geschäftsführer jubelt: »Die Quote der Krankschreibungen ist im vergangenen Jahr um 0,75 Tage gesunken. Das beweist, wie wohl sich die Mitarbeiter in unserer Firma fühlen.«

Man braucht kein besonders feines Ohr, um die Unterstellung herauszuhören: Die Firmen tun so, als könnten Mitarbeiter sich ebenso leicht für oder gegen das Kranksein entscheiden, wie man sich für oder gegen Zucker im Kaffee entscheidet. Wer mit einer Lungenentzündung flachliegt, mit einer schweren Grippe kämpft oder von einem Krebstumor befallen ist, hat offenbar das wirksamste aller Heilmittel noch nicht entdeckt: seine eigene Motivation.

Dass Mitarbeiter oft krankfeiern, ohne krank zu sein, ist ein Märchen – die Studien der Krankenkassen belegen das Gegenteil. Immer mehr Menschen schleppen sich zur Arbeit, obwohl sie krank sind. Sie schlucken Pillen, lassen sich Spritzen verabreichen, ignorieren Fieber und den Rat der Ärzte, nur um Fehltage zu vermeiden. Und warum? Weil bekannt ist, dass sich Krankschreibungen auf die Sicherheit eines Arbeitsplatzes auswirken wie Staatspleiten auf Aktienmärkte. Außerdem ist die Personaldecke oft so dünn, dass mancher aus Rücksicht auf die überlasteten Kollegen auf eine Krankschreibung verzichtet; die müssten sonst seine Aufgaben noch mit erledigen.

Hätte ein Sklaventreiber die Tatsache, dass seine Untertanen niemals krank sind, seiner »sozialen Kompetenz« zugeschrieben – er wäre ausgelacht und auf seine Peitsche verwiesen worden. Ebenso sollten sich Firmen fragen: Warum sind unsere Mitarbeiter seltener krankgeschrieben? Weil sie sich wohlfühlen, weil ein gutes Betriebsklima herrscht und deshalb vor allem die psychischen Erkrankungen zurückgehen (was durchaus sein kann)? Oder weil die Mitarbeiter eingeschüchtert sind, weil sie um ihre Arbeitsplätze fürchten und sich bei Krankheit nicht mehr krankschreiben lassen (was ebenso sein kann)?

So manches gute Zeugnis, das sich Firmen selbst ausstellen, wird durch einen Blick hinter die Statistik als Armutszeugnis entlarvt.

## Vorschlagswesen als Unwesen

Dass kluge Vorschläge der Mitarbeiter
umgesetzt werden, sollte selbstverständlich sein –
auch ohne Vorschlagswesen.

*Ein Mann mit einer neuen Idee ist unausstehlich,*
*bis er der Idee zum Erfolg verholfen hat.*

Mark Twain

Der Manager des Autozulieferers schien ein paar Zentimeter zu wachsen, als er mich auf seine neueste Errungenschaft hinwies: »Wir haben ein Betriebliches Vorschlagswesen eingeführt.« Ein paar Briefkästen, die bunt verstreut in der Firma hingen, untermauerten seine Worte. »Was versprechen Sie sich davon?«, wollte ich wissen. »Unsere Mitarbeiter sollen ihre Ideen einbringen. Jeder kann Vorschläge in die Briefkästen stecken und bekommt eine Rückmeldung.«

Wie ist es um eine Firma bestellt, wenn der normalste Vorgang der Welt – dass Mitarbeiter Ideen einbringen – ein halbes Dutzend Briefkästen erfordert? Warum wird der Einfall eines Mitarbeiters zum Ausnahmefall erklärt und auf einen Prozessweg geschickt? Offenbar trifft dort im Alltag das Wort von Mark Twain zu. Wer eine neue Idee hat, gilt erst mal als »unausstehlich«, als Terrorist, der ein Attentat auf die heiligen Hallen des Bewährten plant.

Wo die Mitarbeiter ernst genommen werden, wo ihre Ideen erwünscht sind, dort braucht es kein Betriebliches Vorschlagswesen (BVW) – dort ist der Ideenfluss in den Alltag integriert. Wer einen Einfall hat, rennt bei seinen Vorgesetzten offene Türen ein. Wer in seinem Arbeitsbereich etwas verbessern will, kann neue Ideen umsetzen, ohne dass vorher ein halbes Dutzend Oberindianer mit den Köpfen nicken muss. In solchen Firmen wäre ein BVW so überflüssig wie eine Schneekanone bei Schneetreiben.

Das BVW stammt aus einer Zeit, als Ideen noch Chefsache waren; oben wurde gedacht, unten wurde gemacht. Gute Mitarbeiter-Ideen schienen so selten zu sein wie Goldkörner im Sand. Das BVW siebte diese Einfälle heraus. Heute hat sich die Qualifikation der Mitarbeiter radikal verändert; viele wissen über ihr Fach und ihre Kunden mehr als ihre Vorgesetzten.

Wenn eine Firma die meisten Ideen ihrer Mitarbeiter über ein BVW ans Licht fördert, beweist das: Im Alltag läuft etwas schief! Offenbar ist es nicht selbstverständlich, dass Mitarbeiter Ideen einbringen und umsetzen, sondern ein Kuriosum. In solchen Betrieben gehen Hunderte von Einfällen verloren, weil Mitarbeiter gar nicht motiviert sind, sie vorzubringen.

Das beste BVW ist eines, das gar nicht existiert – weil Ideen der Mitarbeiter ohne Umweg in die Arbeit einfließen können.

## Der Mail-Tsunami

Wer Mails bekommt, braucht keine Feinde mehr.
Die Abkürzung CC steht oft für Chaos-Club.

*Es gibt nur zwei Dinge, die unendlich sind:*
*das Universum und die menschliche Dummheit.*

Albert Einstein

Die Flutwelle rollt täglich über die Büros hinweg, verschlingt
Zeit und begräbt Menschen. Jeder, der einen Finger hat, um zu
tippen, und einen Kopf, um nicht zu denken, lässt seine geisti-
gen Ergüsse per E-Mail auf die Firma regnen. Frei nach Einstein: Es gibt nur zwei Dinge, die unendlich sind: das Universum und der E-Mail-Verteiler. Jede Lappalie wird zum Vorgang
aufgepustet. Wer mit der Nachbarabteilung zanken will,
schreibt eine Mail und holt sich per Verteiler sein Publikum in
die Arena. Die Gewissheit, dass auf diese Weise viele Menschen
den Mailwechsel verfolgen, spornt ihn zu einer Schaukampf-
Rhetorik an. Es geht nicht um die Sache, nur um den Applaus
des Publikums.

Sogar Vorgesetzte halten es für richtig, Mails mit Riesenver-
teiler für sich sprechen zu lassen, etwa wenn sie einen Strategie-
wechsel verkünden. Dabei sind sie optimistisch genug, davon
auszugehen, dass ihre Worte in die Köpfe und nicht direkt in den
virtuellen Papierkorb wandern.

Warum setzt sich jeder, statt mal eben ins Nachbarbüro zu
gehen, vor seinen PC und hämmert eine Mail in die Tastatur?
Sogar ein Anruf wäre oft die bessere Wahl, denn ein Gespräch
vermittelt Botschaften auch über die Stimme, baut eine Bezie-

hung auf und ermöglicht spontane Rückfragen. Eine Mail begünstigt nur: lange Mailwechsel.

Mails sind kein Führungs-, nur ein Verführungsinstrument. Zur Geschwätzigkeit verführen sie, denn die meisten sind überflüssig. Und zur Schlampigkeit verführen sie, denn die fehlerhafte Orthographie geht oft mit Formulierungen einher, die viel Raum für Missverständnisse lassen.

Hat mal jemand ausgerechnet, was es die Firmen kostet, wenn Mitarbeiter und Manager jeden Tag Dutzende überflüssiger Mails lesen? Ist mal jemand auf die Idee gekommen, mailfreie Tage einzuführen? Oder die Kostenstelle der Abteilung, aus der sie verschickt werden, mit 0,25 Euro zu belasten? Und gibt es Mitarbeiter, die noch diszipliniert genug sind, ihren Tag nach der Wichtigkeit ihrer Arbeiten und nicht nach zufällig eingehenden Mails zu strukturieren?

Wir brauchen einen Damm der Vernunft, der die E-Mail-Flut stoppt. Mailen Sie nur dann, wenn es wirklich sein muss. Nehmen Sie nur den in CC auf, der wirklich informiert werden muss. Mailen Sie in einer sprachlichen Qualität, die auch einem Brief angemessen wäre. Und vor allem: Sprechen Sie mit Menschen, statt nur Mails sprechen zu lassen.

## Der gefürchtete Geburtstag

Geburtstage sind in vielen Firmen gefürchtet –
denn oft lösen sie wahre Schenkorgien aus.

*Die Kunst des Schenkens liegt darin, einem
Menschen etwas zu geben, das er sich nicht kaufen
kann.*

Alan Alexander Milne

Wenn die Bürotür auffliegt, ein Kollege hereinschneit und mit einer Liste fuchtelt, gibt es kein Entrinnen mehr: Wieder einmal hat jemand Geburtstag, heiratet, scheidet aus der Firma aus oder freut sich über Nachwuchs. Nun soll er von seinen Kollegen beschenkt werden. Und deshalb wandert ein Geschenkegeld-Eintreiber von Büro zu Büro, wo er murrend bedient wird.

Soll das jetzt ein Plädoyer gegen Geschenke unter Kollegen werden? Will ich die letzte Menschlichkeit aus den Büros verbannen? Sicher nicht. Dort, wo Geschenke von Herzen kommen, wo die Schenkenden ähnlich viel Freude wie die Beschenkten haben, sind Geschenke zu begrüßen – das Betriebsklima und die Gemeinschaft profitieren davon. Plädieren möchte ich gegen Zwangsbeschenkung, gegen Heuchelei, gegen jedes Schenkritual, das zur bloßen Schenkqual verkommt.

Solche Schenkorgien führen unter Mitarbeitern immer öfter zu Grollen und Augenrollen. So kenne ich einen Zulieferer, dessen Entwicklungsabteilung rasch von acht auf 25 Mitarbeiter gewachsen ist. Die Sitte, jeden Mitarbeiter zu jedem persönlichen Feiertag zu beschenken, ist mittlerweile eine arge Last. Zwei- bis dreimal pro Monat werden die Mitarbeiter zur Kasse gebeten.

Zwei- bis dreimal im Monat stehen sie vor der Aufgabe, einen relativ hohen Betrag, nämlich 125 Euro (da jeder fünf Euro gibt), in ein Geschenk für einen Kollegen umzuwandeln. Und auch die Beschenkten geben hinter vorgehaltener Hand zu verstehen, dass sie solche Geschenke als Hypothek empfinden. Schließlich wird nun erwartet, dass sie die ganze Mannschaft zum Frühstück einladen. Eine Großveranstaltung, die großen Stress bedeutet – und sehr teuer ist.

Solche Zwangsbeschenkungen führen am Ende dazu, dass die Feiertage der Kollegen lediglich eine leicht genervte »Nicht-schon-wieder!«-Reaktion hervorrufen. Außerdem stimmt, was Alan Alexander Milne sagt: Die wertvollsten Geschenke lassen sich nicht kaufen. Ein Präsent, das Wertschätzung ausdrückt, muss keinen Geldwert haben. Liebevoller und kreativer wäre es, dem Kollegen ein paar nette Zeilen zu schreiben, etwa ein Gedicht. Oder ihm mit einer originellen Fotomontage eine Freude zu machen.

Die meisten Schenkrituale, gerade in Großfirmen, haben einen allzu langen Bart. Es wäre ein Gebot der Ehrlichkeit, ihn endlich abzuschneiden. Dann könnten sich alle wieder über Geburtstage freuen!

## Wenn der Teamgeist spukt

Je lauter in einer Firma vom »Teamgeist« gesprochen wird, desto mehr werden Einzelkämpfer gefördert.

*Alle Tiere sind gleich, aber einige sind gleicher.*

George Orwell

Ein Geist geht um in deutschen Firmen – der Teamgeist. Er spukt durch Weihnachtsreden, taucht auf in Broschüren und leuchtet aus Stellenangeboten. Ohne »Teamfähigkeit«, ohne die Bereitschaft, sich zum Rädchen im Gruppengetriebe zu machen, scheint nichts mehr zu gehen. So mancher Bewerber verbrämt schon seine Hobbys: Aus »Joggen« wird »Training in einer Laufgruppe«, »Lesen« kommt als »Engagement in einem Literaturzirkel« daher. Die Botschaft lautet: »Seht her, ich bin kein Eigenbrötler, sondern ein Teammensch!«

Doch der Teamgeist hat einen Geburtsfehler: Diejenigen, die ihn am lautesten fordern, sind nicht Mitglieder eines Teams, sondern stehen als Führungskräfte über ihm. Während sie als Alphatiere »gleicher« als gleich sind, um es mit Orwell zu sagen, und ein Chefgehalt kassieren, einen Dienstwagen fahren, im Eckbüro residieren und Machtworte sprechen, predigen sie, ohne rot zu werden, die Gleichheit aller. Dies ist etwa so glaubwürdig, als priese ein Millionär die kollektive Armut.

Achten Sie einmal darauf, wer in Ihrer Firma gefördert wird. Sind es wirklich die grauen Teammäuse? Ich garantiere Ihnen: Die Ritterschläge, die Beförderungen und Gehaltserhöhungen, treffen selten die Unauffälligen und niemals ganze Teams. Fast immer werden einzelne Teammitglieder, deren Namen für Erfolge stehen, aufs Podest gehoben. Und andere, deren Namen keiner kennt, bleiben auf der Strecke. Wer als Leistungsträger aus der Masse herausragt, macht das Rennen. Sogar bei Massenentlassungen werden solche Kandidaten verschont, im Gegensatz zu den grauen Teammäusen.

Bin ich gegen Teamarbeit? Nein, ich rate Ihnen sogar, Ihr Wissen zu teilen und die Gruppe mit Ihrer Leistung voranzubringen. Aber Ihre Einzelleistung darf nicht wie Gemüse im Gruppeneintopf verschwinden; sie sollte sichtbar und mit Ihrem Namen verbunden bleiben. Machen Sie publik, was Sie zu einem Erfolg beigetragen haben. Sprechen Sie über Ihre Ideen, Ihre Lösungen, Ihre Glanztaten. Und setzen Sie Ihren Chef bei wichtigen Mails auf den Verteiler. Jeder in der Firma sollte wissen, wofür Sie (im Team) gut sind. Diese Einzelleistung – und nur sie – ist der Maßstab, wenn es um Ihr Gehalt und Ihre Karriere geht. Indem Sie Ihren Anteil an Erfolgen deutlich machen, bringen Sie Ihre Karriere voran.

Auch wenn die Firmen »Teamarbeit« predigen: Belohnt wird sie selten. Der Alltag ist nun mal keine Weihnachtsrede.

## Dummheit steckt an

Wer Dummheiten nachmacht, nur weil andere sie
vormachen, muss oft teuer dafür bezahlen.

*Wir leben in einer Welt, worin ein Narr viele Narren,*
*aber ein weiser Mann nur wenige Weise macht.*

*Immanuel Kant*

Meine Klientin war untröstlich. Mit einem Federstrich, mit ihrer
Unterschrift unter einen Auflösungsvertrag, hatte sie 20 000 Euro
verschenkt – so viel Geld hätte ihr eine Kündigungsschutz-Klage
vermutlich gebracht. Nun war diese Chance vertan. Aber warum
hatte sie das Dokument ohne Rücksprache mit einem Anwalt
unterschrieben? »Alle meine Kollegen haben es doch auch gemacht!«, rief sie trotzig.

Ganz egal, um welche Dummheit es sich handelt, im Beruf
gilt das Motto von Immanuel Kant: Wo ein Narr ist, der voraus-
geht, finden sich viele Narren, die ihm folgen. So mancher Spesen-
betrüger wägt sich auf sicherem Boden, nur weil andere den gleichen Schwindel treiben. So mancher Lästerer hält sein Gerede
über die Firma für harmlos, nur weil andere in dasselbe Horn
stoßen. Und so mancher Acht-Stunden-Büroschläfer, dessen
größte Arbeitsleistung das allmorgendliche Hochfahren seines
Computers ist, sieht sich als Schwerstarbeiter, solange ein noch
größerer Faulpelz geduldet wird.

Mit dieser Haltung lässt sich bei Sonnenschein gut leben.
Aber was, wenn Sturm aufzieht? Wenn der Spesenbetrug auffliegt,
die Lästerrunde hochgeht, Entlassungen anstehen? Dann sucht
sich der Hammer, ehe er niedersaust, einen Einzelnen aus der

Gruppe aus. Dieser Mitarbeiter wird vor aller Augen zur Schnecke gemacht, abgemahnt, wenn nicht entlassen. Und seine Komplizen? Halten still, grasen als Unschuldslämmer friedlich weiter. Wer eine Dummheit in der Gruppe begeht, ist dadurch nicht geschützt, im Gegenteil. Er muss damit rechnen, für andere mitzubüßen.

Es gibt immer zwei Richtungen, in die man sich vergleichen kann: nach unten oder nach oben. Wer sich Narren als Vorbilder sucht, wird zum dümmlichen Herdentier. Er handelt, ohne die Folgen zu bedenken, lässt sein Potenzial verkümmern und wird selbstgefällig. Die Größe, die er sich andichtet, ist allenfalls relativ, noch öfter schlichte Selbstüberschätzung.

Umgekehrt wird ein Schuh, sogar ein Sieben-Meilen-Stiefel für Ihre Karriere daraus: Achten Sie auf die »Genies«, wie Kant sie nennt, die Anti-Herdentiere. Ihr Eigensinn kann ein Spürhund für neue Erfolgswege, ihr Charakter ein Bollwerk gegen Dummheiten sein. Solche Vorbilder warnen nicht nur vor der Lemming-Falle, sondern auch vor jeglichem Mittelmaß, denn wahre Erfolgswege sind niemals Trampelpfade. Dort, wo die Herde zieht, ist die Luft bald staubig und dünn.

## Falschgeld als Vision

Viele Firmenvisionen sind unecht.
Mitarbeiter erkennen die Kluft zwischen Wort und Tat.

*Es ist nicht genug zu wissen, man muss*
*auch anwenden; es ist nicht genug zu wollen,*
*man muss auch tun.*

Johann Wolfgang von Goethe

Haben Firmen keine Fantasie? Oh doch! Die Broschüren sind voll mit kühnen Wünschen: »Wir reden miteinander, nicht übereinander«, »Wir sind die ersten Diener unserer Kunden«, »Mitarbeiter sind unser wertvollstes Kapital«. Diese Visionen sollen als Leitsterne funkeln. Und ist das nicht gut so? Jeder großen Tat ging eine große Idee voraus. Die ersten Menschen reisten nicht mit einem Flugkörper zum Mond, sie taten es in ihrer Fantasie.

Bedeutet das: Ein Unternehmen, das eine mutige Vision formuliert, ist auf dem Weg in andere Sphären? Lassen sich dort, wo jeden Tag die Fetzen fliegen, die Friedenstauben herbeivisionieren? Lassen sich Hierarchien, die steil sind wie die Eiger-Nordwand, mit einer Vision abtragen? Und ist ein Management, das täglich vor dem Altar der Rendite kniet, mit der Medizin einer Plutokratie-Vision heilbar?

Gegenfrage: Was geschieht auf einer Weihnachtsfeier, wenn dort ein Alleinunterhalter mit ernstem Gesicht die Firmenvision zitiert? Alles lacht! Die Kluft zwischen Vision und Wirklichkeit ist in den meisten Firmen unüberbrückbar. Nicht auf ein erreichbares Ziel, sondern auf einen unheilbaren Mangel weisen Visionen in der Regel hin. Was die Taten verfehlen, sollen die Worte wettmachen. Mitarbeiter merken das; sie sind nicht blöd.

Frei nach Goethe könnte man sagen: Es ist nicht genug, eine Vision zu entwickeln, man muss auch tun. Wo die Ideen der Mitarbeiter vom Management abprallen, wo zum Meeting nur die Oberhäuptlinge Zutritt haben, wo die Vorstände mit Rekordgehältern belohnt und die Mitarbeiter mit Nullrunden abgespeist werden, dort läuft eine Vision von Demokratie ins Leere wie ein Volksbegehren in einer Diktatur.

Wo hingegen Mitarbeiter und Vorgesetzte an einem Strang ziehen, muss niemand den gegenseitigen Respekt in goldenen Visionslettern anmahnen. Und wo Offenheit herrscht, wäre der Spruch »Hier arbeiten alle miteinander und nicht gegeneinander!« ein lächerlicher Pleonasmus.

So wie man kein Produkt nach seiner Werbung beurteilen sollte, allenfalls umgekehrt, so sollte man keine Firma nach ihrer Vision beurteilen. Dies gilt vor allem beim Bewerben. Eine interessante Frage im Vorstellungsgespräch: »Können Sie mir ein paar Beispiele nennen, wie Ihre Vision im Alltag umgesetzt wird?« Je länger das Schweigen danach dauert, desto mehr ist gesagt!

# 6.  Krisen und Fettnäpfe: Souverän durchs Minenfeld

## Mein Fehler, sorry!

Wer schwere Fehler begeht, sollte sie auch zugeben –
das entwaffnet seine Angreifer.

*Der schlimmste aller Fehler ist,*
*sich keines solchen bewusst zu sein.*

Thomas Carlyle

Der Politiker kanzelt die Journalisten ab: Nein, von einem Skandal könne keine Rede sein. Nichts als Gerüchte – Pressekonferenz beendet! Natürlich kommt ein paar Tage später ans Licht: doch ein Skandal! Und mit jedem Stein, den die Medien umdrehen, wird sein Ausmaß größer. Womit der Politiker gleich zwei Skandale am Hals hat. Und einer ist das Ergebnis seines Krisenmanagements.

Viele Mitarbeiter, die schwere Fehler begehen, reagieren nach demselben Muster. Sie leugnen, überhaupt ein Problem zu haben. Dabei ist wahr, was der schottische Historiker Thomas Carlyle sagte: Der schlimmste Fehler ist, sich keines Fehlers bewusst zu sein.

Der Werber, der einen Millionenkunden verprellte; der Banker, dessen Spekulation in die Hose ging; der Bilanzbuchhalter, der viel Geld ans Finanzamt verschenkte – sie alle neigen dazu, ihr Versagen zu verschweigen und es nur in jenem Tempo zuzugeben, in dem ihnen ihr Vorgesetzter auf die Schliche kommt. Und selbst, wenn sie überführt sind, tendieren sie noch zur Rechtfertigung. Nicht sie hätten sich dumm verhalten – die Sache sei dumm gelaufen!

Dieses Krisenmanagement führt unweigerlich zum Super-GAU. Das Bemühen, eine Wahrheit zu verschleiern, multipliziert die Anstrengungen derer, die sie aufklären wollen. Wer vor den Hunden wegläuft, macht sie bissiger! Und mit jeder Rechtfertigung wächst der Ehrgeiz der Angreifer: Der Uneinsichtige soll stürzen!

Die klügere Variante: Legen Sie alles, was passiert ist, auf den Tisch – ohne Wenn und Aber. Nehmen Sie den Fehler auf Ihre Kappe, und entschuldigen Sie sich in klaren Worten dafür. Sagen Sie, was Sie für die Zukunft gelernt haben. Und bieten Sie Ihrem Vorgesetzten an, er könne jetzt Konsequenzen ziehen.

Die Folgen sind verblüffend. Wer sich selbst Vorwürfe macht, nimmt seinen Angreifern den Wind aus den Segeln. Gut möglich, dass Ihr Chef sagt: »Es war ein schwerer Fehler, ja. Aber immerhin sehen Sie das ein.« Ein solches Krisenmanagement ist geschickt. Sie geben eine Arbeitsprobe, zeigen Charakter, Gradlinigkeit und Souveränität – alles Eigenschaften, die unter Stress nicht gerade üblich sind.

Will der Chef eine solche Arbeitskraft wirklich in die Wüste schicken? Wohl kaum!

Womöglich gehen Sie sogar gestärkt aus der Krise hervor. Das könnten Politiker übrigens auch – wenn sie mehr über den Umgang mit Krisen wüssten.

# Der Geisterfahrer

Wer immer wieder meint, ihm kämen Geisterfahrer
entgegen, sollte prüfen: Fahre ich selber in die falsche
Richtung?

*Die Hölle, das sind die anderen!*

Jean-Paul Sartre

Der Industriekaufmann machte in der Karriereberatung keinen
Hehl daraus, dass er sich von Narren umgeben fühlte: »Meine
Kollegen sind Trantüten«, schimpfte er. Der Chef? »Hat diese
Bezeichnung nicht verdient! Er führt nicht, sondern lässt uns
treiben.« Die Geschäftsführung? »Völlig weltfremd. Die müssten
einfach kapieren, wie der Markt funktioniert.« Die Kunden?
»Abgehoben! Die wollen immer weniger bezahlen, wundern sich
aber über sinkende Qualität.«

Nur ein Vernünftiger fuhr auf diesem Narrenschiff: er selbst.
Mich beschlich ein Verdacht: »Wie war das eigentlich in Ihrer
letzten Firma?« Der Kaufmann rollte die Augen: »Dasselbe in
Grün!« Aha. Immer wieder kämpft er, ein Don Quichote der Vernunft, mit Unfähigen, Trantüten, Taugenichtsen. Immer wieder
nimmt er die richtige Auffahrt zur Autobahn – und alle anderen
brausen ihm als Geisterfahrer entgegen. Sartre hätte gesagt: »Die
Hölle, das sind die anderen!«

Aber stimmt es nicht, dass sich in der Arbeitswelt viele
Nichtskönner herumtreiben, auch in der Chefetage? Und ist es
nicht wahr, dass einige Firmen vor lauter Unfähigkeit über die
eigenen Füße stolpern? Mit Sicherheit! Aber wenn ein und derselbe Mensch sich in unterschiedlichen Firmen immer wieder von
Unfähigen umzingelt fühlt, sollte er sich fragen: Stimmt etwas mit
mir nicht?

Warum hat er, dieses Weltgenie, sich überhaupt für diesen Arbeitsplatz entschieden – wenn hier doch die Unfähigkeit jedem auf die Stirn gebrannt ist? Warum gelingt es ihm, dem doch angeblich alles gelingt, einfach nicht, in seiner Firma die Trägen auf Trab, die Denkfaulen zum Denken, die Praxisfernen zur Praxis zu bringen? Und warum heuert er, dem doch alle Türen offen stehen müssten, nicht endlich in einer Firma auf seinem Niveau an?

Wer nur Narren um sich herum sieht, trägt selber die größte Narrenkappe! Offenbar ist er auf die Schwächen der anderen fixiert, statt ihre Stärken zu sehen. Offenbar redet er die anderen klein, um sich selbst größer zu fühlen. Und offenbar belässt er es beim Klagen, statt die Dinge zu verändern. Diese Haltung ist bequem, selbstgefällig und nicht zuletzt gefährlich: Geisterfahrer verursachen Zusammenstöße. Auch bei der Arbeit. Oft zieht man sie durch Kündigung aus dem Verkehr.

Mein dringender Rat an den Industriekaufmann: Wer mit dem Talent zum kritischen Denken gesegnet ist, sollte es vor allem auf den einzigen Menschen anwenden, den er aus eigener Kraft verändern kann: sich selbst!

## Der Schimmelpilz des Mobbing

Mobbing ist wie Schimmelpilz: Es wächst in einem
bestimmten Klima. Das beste Gegenmittel ist eine
gesunde Firmenkultur.

*Es gibt nichts Stilleres als eine geladene Kanone.*
*Heinrich Heine*

Das erste Mobbing-Opfer dieser Erde war ein ungeschickter
Fuchs. Eigentlich wollte er Gänse angreifen, doch die bildeten
einen Mob und jagten den Fuchs davon. Beobachter dieser
Szene war der Verhaltensforscher Konrad Lorenz, und ihm fiel
dafür ein Begriff ein: Mobbing. In der heutigen Arbeitswelt
läuft es umgekehrt: Die Starken greifen die Schwachen an.
Nach einer Studie des Psychologen Dieter Zapf hat bei sieben
von zehn Mobbing-Fällen ein Vorgesetzter seine Finger im
Spiel.

Mobbing kann harmlos beginnen. Die Kollegen gehen zum
Mittagessen, doch einen lassen sie zurück. Dann werden vergiftete
Scherze über ihn gerissen. Schließlich behandelt man ihn wie
Luft. Der Krieg gegen ihn ist ausgebrochen, wenn auch verdeckt.
Heine würde sagen: »Es gibt nichts Stilleres als eine geladene Kanone.« Weil Infos an diesem Mitarbeiter vorbeilaufen, macht er
Fehler. Weil er Fehler macht, wird er angegriffen. Weil er angegriffen wird, schwindet sein Selbstvertrauen ... Am Ende landet er in
einem schäbigen Büro am Flurende. Dort weist man ihm Arbeiten
zu, die ihn überfordern (unrealistische Termine), demütigen (Ko-
pien machen) oder zu Tode langweilen (zehn Minuten Arbeit für
acht Stunden). Der Mitarbeiter wird krank. Oder löst den Kano-

nenschuss selbst aus, indem er kündigt. Das spart der Firma die Abfindung.

Mobbing ist wie Schimmelpilz: Es gedeiht in einem bestimmten Klima. Wenn Firmen ältere Mitarbeiter rausekeln, den Konkurrenzkampf fördern, Leiharbeiter ausbeuten, dann ist das Dünger fürs Mobbing. Mal gibt der direkte Vorgesetzte einen Mitarbeiter selbst zum Abschuss frei, etwa durch überzogene Kritik. Mal schaut er den Angriffen tatenlos zu, was als Zustimmung gewertet wird. Oder er bekommt das Mobbing gar nicht mit, was ihn als Führungskraft disqualifiziert.

Die Kultur einer Firma, die Haltung eines Vorgesetzten, die Courage der Kollegen: Das sind die besten Waffen gegen Mobbing. Wo sich die Mehrheit hinter dem Angegriffenen schart, wo Vorgesetzte beherzt einschreiten, wo ein tägliches Miteinander gelebt wird, dort hat Mobbing so wenig Chancen wie ein Schimmelpilz im Trockenen.

Und was kann der Gemobbte selbst tun? Zum Beispiel seinen Angreifer früh zur Rede stellen: »Ich habe gehört, du verbreitest folgendes Gerücht über mich … Warum tust du das?« So zeigt er sich wehrhaft. Manches Mobbing-Feuer lässt sich austreten, ehe es zum Flächenbrand wächst.

## Die Krise als Chance

In jeder großen Krise steckt eine Karrierechance.
Fragen Sie mal Helmut Schmidt!

*Denn Gegenwind macht Flügel.*

Heinz Rudolf Kunze

Die Umsatzzahlen stürzten mit einer Geschwindigkeit ab, als wäre einem Bergsteiger das Seil gerissen. Keine Frage, der mittelständische Werkzeughersteller für Handwerksbetriebe war in eine Existenzkrise geschlittert. Alle Mitarbeiter sorgten sich um ihre Arbeitsplätze. Doch einer tat mehr, er fragte sich: Was wäre, wenn wir künftig nicht nur Werkzeuge für Firmen, sondern auch für Hobbybastler anfertigten? Aus eigener Initiative klapperte er Baumärkte ab, um den Bedarf zu klären. Diese Idee servierte er dann seinem Chef. Es war der Rettungsring. Ein Jahr später schrieb der Werkzeughersteller wieder schwarze Zahlen.

»Denn Gegenwind macht Flügel«, singt Heinz Rudolf Kunze. Jede Krise ist eine Chance, weil sie wie eine Lupe wirkt: Sie vergrößert Eigenschaften. Das gilt für Schwächen von Mitarbeitern – so wirkt der Fahrige, wenn es brennt, noch fahriger, und der Träge noch träger. Aber das gilt auch für Stärken: In der Krise glänzen die Zupackenden, all diejenigen, die den Karren aus dem Dreck ziehen, statt den Dreck nur zu bejammern.

Nicht umsonst begründete Helmut Schmidt seinen Ruf als Macher während der Hamburger Sturmflut 1962. Die Krise gab ihm als Innensenator die Chance, sich von den Zauderern abzuheben, sich mit kühlem Kopf und zupackender Hand als Krisenmanager zu bewähren.

Es ist wie bei einem Hochspringer: Seine maximale Sprunghöhe erreicht er nur, wenn die Latte auf einer kritischen Höhe liegt. Dagegen würde eine mittlere Höhe auch nur mittlere Kräfte mobilisieren. Je höher die Latte liegt, auch im Beruf, desto größer die Chance, dass Sie Ihr ganzes Potenzial entfalten. Krisen setzen Kräfte frei.

Wer ein Macher-Typ ist, kann sich in seiner Firma gezielt nach kritischen Situationen umsehen. Wo laufen Dinge aus dem Ruder? Wo bleibt ein Bereich hinter seinen Möglichkeiten zurück? Wo sind gute Ideen so selten wie Regen in der Sahelzone? Je schlechter es läuft, desto mehr Raum bleibt für Verbesserungen. Allerdings setzt diese Strategie voraus, dass Sie einen Chef haben, der auf Ihren Rat hört – wie der Angestellte des Werkzeugherstellers. Oder dass Sie eine Führungsposition bekleiden, um der Krise selbst die Stirn zu bieten – wie Helmut Schmidt.

Für hausgemachte Krisen in Konzernen gilt indes: Was im Top-Management angerichtet wird, lässt sich nur im Top-Management auslöffeln.

## Die Grenzen der Loyalität

Kein Mitarbeiter sollte seine Karriere
an einen einzigen Chef hängen – sonst wird er
mitgerissen, wenn dieser stürzt.

*Wenn das Haus eines Großen zusammenbricht,*
*werden viele Kleine erschlagen.*

*Bertolt Brecht*

Der Größenwahn vieler Manager funktioniert wie Dreisprung:
Da hebt jemand ab, landet ein paar Mal zwischen – und setzt die
Sache dann spektakulär in den Sand. Das bekannteste Beispiel
sind Fusionen. Eine Firma verschlingt die andere, wie man ein
Aufputschmittel schluckt. Doch nicht nur Marktanteil und Akti-
enkurs steigen (wie der Fusionsmanager glaubt), sondern auch die
Chancen des Scheiterns: Laut einer Studie der Bank Morgan
Stanley enden sieben von zehn Fusionen mit einem Reinfall.
Doch diese Tatsache wird vom Fusionsmanager trotz alarmieren-
der Geschäftszahlen – den Zwischenlandungen – so lange ignoriert, bis der Traum versandet. Der Größenwahn nimmt ein
rasches Ende; der Manager wird gegangen.

Ganz egal, welcher Chef gefeuert wird, ob ein Top-Manager
oder ein Abteilungsleiter: Jedes Mal stürzt, wie Brecht sagt, ein
Haus zusammen, jedes Mal werden Mitarbeiter erschlagen. Was
wird zum Beispiel aus der Assistentin des Fusionsmanagers? Kann
sie, seine treue Seele, einfach dem nächsten Top-Manager im selben Unternehmen dienen? Es gilt das Prinzip der Sippenhaft. Die
treuen Truppen müssen für ihren König büßen. Diese Assistentin
bekommt kein Bein mehr auf die Erde. Wahrscheinlich wird sie

ebenfalls vor die Tür gesetzt, nur mit Tritt statt mit goldenem Handschlag.

Hier lauert eine große Gefahr. Auf der einen Seite ist Loyalität ein Karrieretreibstoff. Wer befördert werden will, braucht Vorgesetzte als Förderer. Auf der anderen Seite besteht ein Unternehmen immer aus Interessengruppen, die einander in Meinungsschlachten und Verteilungskämpfen bekriegen. Je deutlicher man sich zur einen Seite bekennt, desto mehr wird man von der anderen als Gegner, als Anhängsel seines Chefs gesehen.

Was folgt daraus? Bauen Sie Ihren Karrieretempel nicht nur auf eine Säule. Sorgen Sie dafür, dass Sie nicht nur von Ihrem direkten Chef, sondern auch von anderen Vorgesetzten geschätzt werden. Halten Sie sich aus Machtkämpfen, bei denen die Fetzen fliegen, besser heraus. Oder vermitteln Sie. Und fragen Sie sich immer wieder: Wenn es meinen Chef nicht mehr gäbe – wer wüsste dann noch von meinen Qualitäten, wer würde mich weiter fördern?

Es lohnt sich, Ihren guten Ruf über die Mauer Ihrer Abteilung dringen zu lassen. Wer mehrere Förderer im Unternehmen hat, kann sich oft unversehrt aus den Trümmern eines eingestürzten Hauses retten – und bekommt eine andere Position angeboten.

## Willkommen beim Wunschkonzert!

Man kann sich ein schlechtes Berufsleben
schönreden. Oder man kann es sich schön machen –
indem man seine Träume verwirklicht.

*Von allen meinen großen Lieben ist mir nur eine treu*
*geblieben: der Selbstbetrug.*

Konstantin Wecker

Jeder Mensch kann es mit seinem Berufsleben halten wie mit den lichter werdenden Haaren: Man legt es sich so zurecht, wie man es gerne hätte – um Fülle vorzutäuschen, wo längst Leere herrscht. Ich kenne viele Angestellte, die ihre Arbeit nicht spannender als eingeschlafene Füße empfinden. Der einzige Sinn, den sie in ihrer Arbeit noch erkennen, steht am Monatsende auf dem Gehaltszettel. Ihr Beruf ist keine Berufung, sondern ein fauler Kompromiss, ein Pakt mit dem Teufel, den zu kündigen sie sich scheuen. Statt auf die Stimme ihrer Sehnsüchte zu hören, übertünchen sie ihre Wünsche mit Rationalisierungen: »Nach Jahren im selben Job stumpft doch jeder ab«, »Arbeit ist schließlich kein Wunschkonzert« oder »Andere wären froh über einen so sicheren Arbeitsplatz«.

Wer solche Sätze sagt, pflegt – frei nach Konstantin Wecker – eine unglückliche Liebe zum Selbstbetrug. Hier redet sich der Verstand schön, was vom Gefühl längst als Zumutung erkannt wurde. Offenbar ist der Stern der Arbeitsfreude verglüht, und die Motivation hat sich verflüchtigt. Ein Mensch füllt seine Funktion nur noch aus, indem er funktioniert. Dabei verliert er gleich zweifach: Erstens lassen sich mit dieser Haltung keine Bäume ausreißen – der Betreffende macht sich selbst zum Abschusskandidaten. Zweitens rauscht seine Lebensqualität in den Keller: 40 öde Arbeitsstunden pro Woche trüben die Freizeit wie eine Todesnachricht eine Geburtstagsparty.

Die Zahl psychischer Erkrankungen unter Berufstätigen hat sich in den letzten 20 Jahren verdoppelt. Auch weil Menschen zu lange in Jobs verharren, die ihnen nichts mehr geben. Wer einfach weiter auf einer Position verbleibt, mit der er innerlich abgeschlossen hat, der kann zum Roboter, zum seelischen Selbstverstümmler verkommen. Mit den Jahren verliert er genau jene Energie, die er bräuchte, um noch einmal als Bewerber in den Ring zu steigen und etwas Neues zu wagen.

Darum gilt: Wehret den Anfängen! Seien Sie achtsam, wenn Ihr Arbeitsplatz zur Hochburg der Langeweile degeneriert. Welche Ihrer Sehnsüchte erfordern Raum? In welcher Position könnten Sie mehr Erfüllung finden? Nur wer seine Wünsche zulässt, wer auf ihren Lockruf hört, kann Sackgassen rechtzeitig erkennen und verlassen. Selbstbetrüger aber laufen frontal gegen die Wand.

## Fehlerengel statt Fehlerteufel

Viele Firmen wollen Fehler ausrotten.
Dabei ist jeder Fehler eine große Lernchance –
vor allem für den, der ihn begeht.

*Fehler vermeidet man, indem man Erfahrung sammelt.*
*Erfahrung sammelt man, indem man Fehler macht.*
Laurence J. Peter

Das Unglück war in großen Schritten auf den IBM-Mitarbeiter zugeeilt. Schon seit Wochen hatte er bemerkt, dass ihm sein Projekt entglitt. Doch der Verlust am Ende traf ihn wie ein Keulenschlag: 600 000 Dollar hatte er in den Sand gesetzt – eine Zahl, die ihn so sehr beschämte, dass er kündigen wollte. Doch sein oberster Chef war schneller. Tom Watson, der CEO, beorderte den Unglücksraben in sein Büro. Mit schlotternden Knien tauchte der Mitarbeiter dort auf: »Ich weiß«, stammelte er, »ich habe einen schweren Fehler gemacht – Sie müssen mich entlassen.« Watson sah ihn lange an, ehe er mit fester Stimme sagte: »Entlassen? Kommt nicht in Frage! Ich habe gerade 600 000 Dollar in Ihre Weiterbildung investiert.«

Diese Anekdote ist schon ein paar Jahrzehnte alt, aber in der Management-Literatur gilt sie immer noch als Paradebeispiel für den Umgang mit Fehlern. Stimmt es also, dass Fehler in den Firmen als Lernchance gesehen werden? Keineswegs! Viele Manager reiten gegen die Fehler an wie Don Quichote, verteufeln und vertuschen, bekämpfen und bestrafen sie; das Wort »Fehlerteufel« sagt alles.

Was die tapferen Ritter der Führungsrunde übersehen: Es gibt nur einen Weg, Fehler zu vermeiden – nichts mehr zu tun.

Wer entscheidet, kann falsch entscheiden. Wer handelt, kann falsch handeln. Nur wenn die Mitarbeiter zu Marionetten schrumpfen, wenn sie jede nennenswerte Entscheidung ihrem Chef überlassen, können sie keine nennenswerten Fehler mehr begehen. Solche Chefs sind dann wie Friedhofsverwalter: Sie haben eine Menge Leute unter sich, aber dort herrscht kein Leben mehr.

Ohne Fehler keine Erfahrungen, sagt der Management-Autor Laurence J. Peter. Das leuchtet ein. Gute Führungskräfte halten es wie Tom Watson. Sie betrachten Fehler, aus denen Mitarbeiter lernen, als Investition. Im Job ist es wie beim Schießen. Man muss auf der Zielscheibe sehen, wohin der Schuss ging, um beim nächsten Versuch eventuell besser zu treffen. Fehler sind wertvolle Rückmeldungen.

Was tun, wenn Ihnen ein Malheur passiert? Analysieren Sie, was passiert ist. Zeigen Sie Bedauern. Aber lenken Sie den Blick rasch nach vorne: Was lässt sich aus dem Fehler lernen? Welche Maßnahmen lassen sich daraus ableiten? Wie können andere von Ihrer Erfahrung profitieren?

Wer offensiv mit Fehlern umgeht, gilt als lernfähig und souverän. Der größte Fehler wäre, keine Fehler zu riskieren.

## Der gezähmte Chef-Banause

Einige Chefs sind eine Zumutung. Aber es liegt immer am Mitarbeiter, was er aus der Situation macht.

*Es ist besser, ein einziges kleines Licht anzuzünden, als die Dunkelheit zu verfluchen.*

*Konfuzius*

Viele Mitarbeiter denken so schlecht über ihren Chef, dass ihre Sätze Sprengsätze sind, die sie nur hinter seinem Rücken zünden können. Eine Umfrage ergab, dass der durchschnittliche deutsche Arbeitnehmer vier Stunden pro Woche über seinen Chef herzieht.

Und Sie? Was missfällt Ihnen an Ihrem Vorgesetzten? Dass er Langeweile delegiert? Dass er seine Ohren für alles Mögliche nutzt, nur nicht fürs Zuhören? Kann es sein, dass er für jedes Meeting eher Zeit erübrigt als für seine Mitarbeiter? Schmückt er sich mit den Erfolgen des Teams, während er die eigenen Fehler auf andere verteilt? Und irren sich alle, die ihm die soziale Kompetenz einer Handgranate nachsagen, nur deshalb, weil er auch ohne Anlass explodiert?

Was auch immer Ihnen an Ihrem Chef missfällt: Durch Kritik hinter seinem Rücken, durch Lästerorgien wird das Problem nicht kleiner, sondern größer! Lästern wirkt wie eine Lupe. Es lenkt Ihre Wahrnehmung auf den Fehler, pustet ihn auf, gibt ihm Raum in Ihrem Bewusstsein – bis Sie nur noch einen Fehlerträger sehen, wo einmal ein Chef war.

Der klügere Weg: Fertigen Sie eine Liste mit zwei Spalten an. Links schreiben Sie alles auf, was Sie an Ihrem Chef stört. Ziehen

Sie ordentlich vom Leder! Doch dann folgt die rechte Spalte, über der steht: »Stattdessen wünsche ich mir … denn dann …« Nun sind Sie gezwungen, konstruktiv zu werden – nicht länger auf die Dunkelheit zu schimpfen, wie Konfuzius das nennt, sondern ein Licht anzuzünden.

Zum Beispiel wird aus »Mein Chef lobt mich nie« »… wünsche mir mehr Rückmeldungen, denn dann sinkt der Korrekturbedarf, und wir können die Termine besser einhalten.« Oder aus dem Lamento »Sitzt immer in Meetings« wird der Wunsch »Ich möchte spätestens in zwei Tagen einen Termin bei ihm bekommen, denn dann kann ich bei schwierigen Entscheidungen seine Vorstellungen berücksichtigen«.

Fällt Ihnen der Unterschied auf? Im ersten Fall sind Sie ein hilfloses Opfer, ein Lästermaul im Untergrund. Im zweiten Fall dagegen formulieren Sie ein Bedürfnis so konstruktiv, dass Sie es mit Ihrem Chef besprechen können. Und Sie helfen ihm, ein besserer Chef zu werden. Davon profitieren alle.

## Das Internet als Stolperstein

Jede Spur, die Sie im Internet hinterlassen,
kann Ihnen bei der nächsten Jobsuche zum
Verhängnis werden.

*Wer den kleinsten Teil seines Geheimnisses hingibt,*
*hat den anderen nicht mehr in der Gewalt.*

Jean Paul

Eigentlich hätte ich mich freuen müssen: Eine Leserin bekräftigte
den Tenor meines Buches *Ich arbeite in einem Irrenhaus*. Dieser
ganze »Murks«, der in deutschen Firmen passiert, erinnere sie fatal
an ihren eigenen Arbeitgeber. Was mir die Freude verdarb: Sie
verkündete das in einer Leserrezension bei Amazon – unter ihrem
richtigen Namen. Jeder, der ihren Namen googelt, stößt auf diese
Abrechnung. Auch ihr Chef. Hat die Frau das bedacht?

Das Internet ist ein Ort geworden, wo immer mehr Menschen beruflichen Selbstmord begehen, ohne es zu merken. Über
Xing verkünden sie, dass sie eine »neue Herausforderung« suchen – zum Entsetzen des alten Arbeitgebers, der mitliest. Bei
Facebook sind sie naiv genug, ihren Chef mit einem »Freund« zu
verwechseln – auch wenn er nun Fotos begutachtet, die ihre Ein-
satzfreude auf fachfremden Feldern belegen, etwa beim Kampf-
trinken, Abtanzen oder Grasrauchen. Welche Schlüsse er künftig
wohl zieht, wenn der Mitarbeiter immer wieder montags krank
ist? Und bei YouTube präsentieren sie sich als waghalsiger Motor-
radfahrer – ohne Rücksicht darauf, dass ein Arbeitgeber sie nicht
als Sportskanone, sondern nur als potenziellen Gipsarm wahrnimmt.

Frei nach Jean Paul gilt: Wer im Internet ein winziges Geheimnis verrät, verrät schon zu viel. Daraus folgt erstens: Gehen Sie bei allem, was sie unter ihrem Namen schreiben, davon aus, dass es nicht nur vom gewünschten Adressaten gelesen wird (etwa einer neuen Firma), sondern auch von einem unerwünschten (etwa Ihrer jetzigen Firma). Bei Xing kann es klüger sein, optimistisch darüber zu schreiben, was Sie in Ihrem jetzigen Job herausfordert (und Ihrem Arbeitgeber schmeichelt), als über »neue Herausforderungen«, die völlig davon abweichen. Ein Headhunter liest zwischen den Zeilen. Zweitens: Bedenken Sie bei Botschaften aus Ihrem Privatleben, wie sie auf eine Firma wirken können – Ihr neues Eigenheim, von dem Sie schwärmen, kann für ein 150 Kilometer entferntes Unternehmen ein Grund sein, Sie nicht einzustellen (weil Sie – so mutmaßt man – ewig pendeln würden). Und drittens: Machen Sie aus der Not eine Tugend! Wer bei Amazon unter seinem Namen ein Fach- oder Führungsbuch klug rezensiert, betreibt sinnvolle Selbst-PR – statt irre Risiken einzugehen.

# 7. Selbstmanagement: So machen Sie mehr aus sich!

## Der Fluch der Hochtalentierten

Je mehr Talente ein Mensch hat,
desto eher muss er sich entscheiden,
welche er im Berufsleben einsetzen möchte.

*Mit dem Reichtum fertig zu werden,
ist auch ein Problem.*

*Ludwig Erhard*

Wohl dem, der nur über ein herausragendes Talent verfügt! Diese Begabung erhebt sich bei ihm wie ein Gipfel aus dem Flachland. Niemand kann sie übersehen, er selbst am allerwenigsten. Wer zum Beispiel leicht Kontakte knüpft und andere überzeugt, ist der geborene Verkäufer. Wer perfekt tüftelt und ein Händchen für Technik hat, startet als Ingenieur durch. Und wem nichts leichter über die Zunge geht als Fremdsprachen, der kann aus seinem Sprachtalent einen Beruf machen.

Aber was tut jemand, der mit mehreren Begabungen gesegnet ist? Mit Talentreichtum fertig zu werden ist auch ein Problem (frei nach Ludwig Erhard). Paradoxerweise kann der vielseitig Talentierte auf den ersten Blick talentlos scheinen: Wo ein Gipfel neben dem anderen steht, ragt keiner heraus – relatives Flachland.

Im Beruf zieht es die vielseitig Begabten in mehrere Richtungen. Eine Herausforderung als Topmanager, eine Karriere als Wissenschaftler, eine Laufbahn als Schriftsteller – vieles scheint gleichermaßen attraktiv zu sein. Während der einseitig Talentierte seine ganze Energie für eine Herausforderung bündelt, zerstreut der vielseitig Begabte oft seine Kraft. Er wird zum Zehnkämpfer, der jede Disziplin ein wenig beherrscht, aber keine richtig gut.

Sein Lebenslauf kann der Gehspur eines Betrunkenen gleichen: Er torkelt von einem Feld ins andere, von Fach- in Führungsaufgaben, von Natur- zu Geisteswissenschaften – womöglich so lange, bis man ihn nicht mehr als Begabten, nur noch als Schwankenden wahrnimmt; Personaler-Urteil: »Der weiß nicht, was er will!«

Erfolg im Beruf ist eine Frage der Konzentration. Rekorde werden nicht von Zehnkämpfern, sondern von Spezialisten erzielt. Wer vielseitig begabt ist, sollte beizeiten prüfen, in welche Richtung es ihn am stärksten zieht. Dieser Weg bietet sich für die Karriere an. Die anderen Talente kann man pflegen, aber besser außerhalb des Berufes. Ein Geschäftsmann, der in seiner Freizeit Romane schreibt – das hat schon wieder Charme; während jemand, der heute Schriftsteller, morgen Geschäftsführer und übermorgen Wissenschaftler ist, als schwankende Gestalt gelten und in allen drei Welten ein Zugereister bleiben kann. Solche Vielseitigkeitskünstler erzielen meist nur Achtungserfolge, statt wirklich erfolgreich zu sein – durch Konzentration.

# Ein Öl namens Wissen

Es kommt nicht darauf an, was ein Mitarbeiter weiß –
sondern darauf, wie er sein Wissen für die Firma
nutzbar macht.

*Denken und Wissen sollten immer gleichen Schritt*
*halten. Das Wissen bleibt sonst tot und unfruchtbar.*

Wilhelm von Humboldt

Der kostbarste Rohstoff der Gegenwart wird an keiner Börse ge-
handelt, und doch will ihn jeder haben: Wissen. Wenn eine Firma
ein Produkt einführen, Märkte erschließen, neue Strategien anwenden will, dann gelingt das nur mit dem Wissen ihrer Mitarbeiter. Heißt das, je mehr ein Mitarbeiter weiß, desto höher steht er
im Kurs? Ist Wissen tatsächlich Macht? Steigen das Gehalt, das
Ansehen und die Karrierechancen proportional mit dem Wissen?
Leider nicht!

Mit dem Wissen ist es wie mit dem Öl. Interessant für die
Firmen ist nicht der Rohstoff an sich, sondern was er in Bewegung
bringt. Öl treibt Maschinen an. Und Wissen wird nur karrierelev-
vant, wenn es von Denken begleitet wird (wie Wilhelm von Humboldt sagt) – und zu Handlungen führt.

Die Frage lautet: Was kann das Unternehmen mit Ihrem Wissen am Markt bewegen? Wie können Sie den Kunden einen
Mehrwert verschaffen? Keine leichte Übung! Ich kenne Fachgenie-
nies, die auf großen Vorräten an Wissen sitzen, diesen Rohstoff für
ihre Firmen aber nicht nutzbar machen. Da ist der Redakteur, der
sein Fachthema besser als jeder andere durchdringt, aber nur
dröge, weil allzu detaillierte Artikel schreibt. Da ist der Lebensmit-

telchemiker, der absoluter Fachmann für eine Produktkategorie ist, aber weniger Innovationen als seine Kollegen zustande bringt. Und da ist der Außendienstler, der über jeden seiner Kunden eine Biographie schreiben könnte, aber dennoch weit hinter den Verkaufszahlen seiner Kollegen zurückbleibt.

Wer wenig weiß und viel daraus macht, überrundet im Beruf diejenigen, die viel wissen und wenig daraus machen. Der Erfolg, die Karriere, der Aufstieg hängen davon ab, wie viel Aufmerksamkeit Sie mit Ihrem Wissen erregen – und welche zählbaren Erfolge Sie erzielen. Wer als Chef seine Abteilung zu Spitzenergebnissen führt, steht auch mit wenig Führungswissen besser da als ein erstklassiger Theoretiker, der sich mehr mit neuen Führungstheorien als mit seinen Mitarbeitern beschäftigt.

Fragen Sie sich immer: Wie kann mein Wissen der Firma am meisten dienen? Vielleicht, indem Sie hausinterne Fortbildungen geben, anspruchsvolle Kunden beraten und binden oder eine innovative Idee mit Umsatzpotenzial entwickeln. Erst in einer solchen Verbindung wird Ihr Wissen zu einem Öl der besonderen Art, zum Schmiermittel Ihrer Karriere.

## Multitasking ade!

Multitasking ist eine Modekrankheit.
Wer effektiv arbeiten will, muss einen Schritt
nach dem anderen gehen.

*Alles auf einmal tun zu wollen,*
*zerstört alles auf einmal.*

*Georg Christoph Lichtenberg*

Wer mehrere Dinge zur gleichen Zeit anfing, galt früher als Chaot. Heute werden solche Menschen als »Multitasking-Talente« gepriesen. Und trifft es nicht zu, dass sich die Arbeitswelt immer schneller dreht? Dutzende von E-Mails und SMS prasseln herein, das Telefon piept, ein Kunde quengelt, zwei Meetings rufen. Und auf dem Schreibtisch wächst der Papierberg allmählich zum Achttausender-Gipfel.

Ist es da nicht normal, dass ein Chef im Gespräch mit seinem Mitarbeiter ein Handy-Telefonat annimmt, seine Mails checkt und in Gedanken das Abendmeeting durchspielt? Dass eine Fachkraft mehrere Projekte zur gleichen Zeit anstößt, am Computer von Dokument zu Dokument hüpft und auf alle Mails mit der Geschwindigkeit eines Wirbelwinds antwortet?

Vielleicht ist es normal geworden – aber es zeigt vor allem eines: das mangelnde Organisationstalent dieser Menschen. Was ihnen fehlt, sind Prioritäten. Wein und Wasser, Aufgaben von höchster und geringster Wichtigkeit, werden bis zur Unkenntlichkeit vermengt. Ein Beispiel ist der Manager, der für seinen Bereich eine Strategie entwickeln müsste, sich aber stattdessen am Nasenring des Tagesgeschäftes durch die Arena führen lässt. Statt selbst zu bestimmen, wie er seine Zeit investiert, retourniert er die zufällig übers Netz fliegenden Bälle: Anrufe, Mails, Nichtigkeiten des Tages. Er reagiert, statt zu agieren. Das wirklich Wichtige, die Strategie, bleibt auf der Strecke.

Unser Kopf kann zur selben Zeit nur einen Gedanken denken. Wer sich mit zwei Sachen beschäftigt, beschäftigt sich mit keiner richtig. Man merkt es den Ergebnissen an! Konzepte bleiben unvollendet, Mitarbeitergespräche werden vergessen und Meetings schlecht vorbereitet. Die Standardursache für Versäumnisse: Multitasking.

Je mehr Arbeiten auf Sie einprasseln, desto wichtiger wird es, Prioritäten zu setzen. Fragen Sie sich: »An welchen Ergebnissen werde ich gemessen? Welche Kleinigkeiten, täglich erledigt, würden mich auf lange Sicht vorwärtsbringen?« Und angenommen, Sie dürften täglich nur eine Stunde arbeiten: Was würden Sie in dieser Zeit anpacken?

Wer weiß, was in seinem Job wirklich zählt, gibt das Multitasking auf. Er tut eines nach dem anderen: die wichtigen Dinge zuerst und die weniger wichtigen – gar nicht!

# Der Zauber der Ziele

Träume sind Schäume – es sei denn, Sie formen
konkrete Ziele daraus!

*Große Gedanken brauchen nicht nur Flügel,*
*sondern auch ein Fahrgestell zum Landen.*

Neil Armstrong

Eine eigene Firma zu gründen, davon träumen viele Angestellte.
Eine Karriere als Manager, dafür schwärmen viele Fachkräfte. Ein
Sabbatjahr, danach sehnen sich viele Workaholics. Doch warum
landen die meisten dieser Wünsche niemals auf dem Boden der
Realität? Weil den hochfliegenden Gedanken eines fehlt: ein Fahrgestell zum Landen, wie der Astronaut Neil Armstrong es formulierte. Ein Wunsch bleibt so lange ein Luftschloss, wie Sie ihn
nicht in ein messbares, konkretes Ziel verwandeln, in Etappen
gliedern und Schritt für Schritt umsetzen.

Sagen Sie mir, wie jemand sein Ziel definiert, und ich sage
Ihnen, ob er es erreicht. Wer zum Beispiel sagt: »Ich würde gern
einmal …«, beschreibt kein Ziel. Der Konjunktiv (»würde«) und
der unbestimmte Zeitpunkt (»einmal«) sind Bauteile für ein Luftschloss, nicht für eine Landung in der Realität.

Und wenn jemand formuliert: »Ich möchte nicht länger als
ein Jahr in meiner jetzigen Firma bleiben«, dann mag dieser Ge-
danke zwar groß sein (falls seine Firma die Hölle ist) und der
Zeitrahmen konkret (maximal ein Jahr) – aber dennoch ist das
Ziel untauglich, da negativ formuliert. Wer sagt, was er nicht will,
beschwört das Bild des alten Zustands herauf, statt den verlocken-

den Wunschzustand zu sehen. Das mag der Grund sein, warum von zehn Menschen, die sich das Rauchen abgewöhnen wollen, mindestens elf scheitern.

Aber auch eine positive Formulierung kann ins Leere laufen. »Ich wechsle in eine Firma mit moderner Kultur« ist zwar positiv, aber windelweich. Was genau ist unter »moderner Kultur« zu verstehen? Bis wann soll der Wechsel erfolgen? Und was genau tut der Wechselwillige, um sein Ziel zu erreichen, Woche für Woche, Tag für Tag?

Für ein großes Ziel brauchen Sie zweierlei: einen Traum, der als Treibstoff dient, und einen konkreten Plan als Fahrwerk für die Landung. Was genau werden Sie unternehmen? In welchen Schritten? Wer unterstützt Sie dabei? Woran merken Sie, dass Sie auf dem richtigen Weg sind? In welche Etappen lässt sich das Ziel gliedern? Wie gehen Sie mit möglichen Hindernissen um? Und wie sieht der Zielzustand aus: Können Sie sehen, riechen, schmecken, was dann in Ihrem Leben anders sein wird?

Planen Sie Ihren Weg zum Ziel wie ein Projekt: mit klaren Handlungsschritten, mit messbaren Ergebnissen, mit pfiffigen Alternativen, falls Hindernisse auftauchen. Ein solches Fahrwerk hilft Ihnen, punktgenau zu landen.

## Pfeif auf Perfektion!

Kleine Fehler machen Sie sympathischer und erfolgreicher als große Perfektion.

*Charme und Perfektion vertragen sich schlecht miteinander. Charme setzt kleine Fehler voraus, die man verdecken möchte.*

Catherine Deneuve

Der Bewerber war perfekt. Jede Frage, die ihm gestellt wurde, retournierte er mit einer druckreifen Antwort. Kein Zögern, kein Verhaspeln, keine holprige Wortwahl. Sein Lebenslauf war so schlüssig, als hätte er ihn schon am Tag seiner Geburt durchgeplant. Und seine Kleidung saß, als käme er gerade vom Maßschneider. Doch als er den Raum verlassen hatte, blieb ein Unbehagen zurück. Der Personalchef sagte schließlich: »Ich glaube, der war mir zu perfekt!« Die anderen nickten: »Ja, irgendwie ein glatter Typ!«

Es ist grotesk: Wir alle streben nach Perfektion. Doch wer sie erreicht, hat nichts erreicht. Perfektion macht verwechselbar und verhindert Charme, wie Catherine Deneuve zu Recht anmerkt.

Idealgewicht erinnert andere an ihre eigenen überflüssigen Pfunde. Perfekte Intelligenz führt anderen ihr durchschnittliches Denkvermögen vor Augen. Und perfekter Sprachausdruck ist ein Maßstab, der kleine Fehler der anderen herauspräpariert wie die Nacht das Glühwürmchen. In Gegenwart der Perfekten, der Geleckten, der Überflieger fühlt sich niemand wohl. Es sei denn, er ist selbst perfekt, gelleckt oder Überflieger – aber wer kann das von sich behaupten?

Der zweite, noch größere Nachteil der Perfektion: Sie ist langweilig, man vergisst sie schnell. An einen kleinen Schnitzer der Eiskunstläuferin erinnern wir uns noch nach Wochen – wer erinnert sich an eine perfekte Kür? Unsere Wahrnehmung merkt sich Besonderheiten. Bei den Perfekten hebt sich gar nichts ab. Alles ist gleich, alles perfekt.

Ich staune immer wieder, dass kleine Fehler dem Erfolg nicht schaden. Wer sich als Bewerber mal verhaspelt oder als Führungskraft mal einen handwerklichen Schnitzer begeht, wird den anderen Menschen dadurch sympathischer, sie denken: »Er ist also auch ein Mensch, selbst wenn er auf seinem Feld große Qualitäten hat!«

Bedeutet das, wer keine Fehler hat, sollte bewusst welche machen? Ich würde eher sagen: Kleine Eigenarten oder winzige Unebenheiten im Lebenslauf, zum Beispiel eine Fehlentscheidung im Beruf vor vielen Jahren, muss niemand verbergen; gerade sie können einen ansonsten perfekten Menschen interessanter und zugänglicher machen. Den meisten geht es in dieser Hinsicht wie mir: Sie müssen sich gar nicht anstrengen – denn unzulänglich sind sie von ganz alleine …

## Der Schach-Mann

Jedes Ihrer Hobbys setzt Talente voraus –
nutzen Sie diese gezielt im Beruf.

*Es gibt auch Steckenpferde, die Rasse beweisen.*

Peter Sirius

Wo liegen meine Stärken? Was kann ich besser als andere? Nur wer seine Fähigkeiten kennt, kann sie im Beruf auch nutzen. Wichtige Antworten finden Sie in einem Bereich, der auf den ersten Blick nichts mit dem Beruf zu tun hat: Ihren Hobbys. Was jemand in seiner Freizeit mit großer Begeisterung tut, verrät viel über seine Talente, Fähigkeiten und Potenziale. Bei jedem Hobby, in dem Sie wirklich gut sind, sollten Sie sich fragen: Welche Eigenschaften brauche ich, um es auszuüben? So manches Steckenpferd kann – frei nach dem Aphoristiker Peter Sirius – seine Rasse auch im Beruf beweisen.

Zum Beispiel habe ich einen Wirtschaftsanwalt beraten, der ein vorzüglicher Schachspieler war. Im Beruf wurde er immer wieder von den Machtspielchen seiner Kollegen ausgebremst. »Ich bin einfach zu naiv«, sagte er, »ich habe für Büropolitik kein Händchen.«

Da sprach ich ihn auf sein Hobby an: »Aber beim Schach müssen Sie doch auch strategisch denken und die Züge Ihres Gegners vorhersehen – inwiefern ließe sich das auf die Büropolitik übertragen?« Diese Frage kitzelte seinen Ehrgeiz. Er nahm sich vor, seine nächsten Entscheidungen im Beruf als Spielzüge zu betrachten und im Vorfeld die möglichen Manöver seiner Kontrahenten einzuschätzen. Auf einmal hatte er Spaß an Büropolitik –

schon in der ersten Woche stellten sich Erfolge ein, denn er war ein ausgebuffter Stratege. Diese Fähigkeit hatte er bis dahin für seinen Beruf noch nicht nutzbar gemacht.

Wer Marathon läuft, muss sein Training gut organisieren und große Ausdauer mitbringen. Wer durch die Welt reist, muss ein Talent dafür haben, sich schnell auf Menschen, Kulturen und neue Situationen einzustellen. Wer zum Angeln geht, braucht viel Ausdauer und einen guten Instinkt, um im richtigen Moment am richtigen Ort zu sein.

Solche Kompetenzen lassen sich vom Hobby auf den Beruf übertragen. Wichtig ist vor allem das spielerische Element: Aus der Sicht des Schachspielers wird Büropolitik zur Herausforderung. Als Trainingsplan für einen Marathon betrachtet, gewinnt der Fortbildungsplan an Reiz. Und vom Standpunkt des Hobbyanglers wird die Gewinnung des neuen Kunden zum spannenden »Fischzug«.

Jedes Hobby ist eine Quelle für Kompetenzen. Wer es versäumt, diese Ressourcen im Berufsleben zu nutzen, kann bald schachmatt sein.

## Die Sonne im Denken

Positive Gedanken führen oft positive Ergebnisse
herbei – gerade in schwierigen Situationen.

*Manche Maler machen aus der Sonne einen gelben*
*Punkt. Andere machen aus einem gelben Punkt eine*
*Sonne.*

Pablo Picasso

So mancher Mitarbeiter, der an seine nächste Gehaltsverhandlung
denkt, sieht schon, wie sein Chef schimpft, schäumt, die Forderung abschmettert. So mancher, der an sein Vorstellungsgespräch
denkt, malt sich aus: Der Personaler bohrt wie ein Zahnarzt in den
Lücken des Lebenslaufes herum. Und so mancher, der an seine
Gründungsidee denkt, sieht sein Unternehmen in spe schon auf
dem Friedhof der Insolvenzen begraben. Das Konfliktgespräch?
Finger weg, sonst geht eine Bombe hoch! Der Verbesserungsvorschlag? Meckern doch nur alle dran herum! Der Wunsch nach
einem Einzelbüro? Kein Wort, sonst bekommt der Chef einen
Anfall.

Was haben all diese Überlegungen gemeinsam? Negativ sind
sie. Reinfälle, Anpfiffe, Katastrophen: Wer sich ein solches Ende
ausmalt, nimmt sich selbst den Wind aus den Segeln. Meist wird
er nichts unternehmen. Falls doch, führt er mit großer Wahrscheinlichkeit die ausgemalte Katastrophe selbst herbei. Denn wie
werden Sie Ihrem Chef in einer Verhandlung begegnen, wenn Sie
schon im Vorfeld mit einer Abfuhr rechnen? Wie jemand, der sich
in einer aussichtslosen Sache verteidigt: nicht locker, sondern angespannt, nicht überzeugend, sondern zweifelnd, nicht selbstbe-

wusst, sondern nach einem Strohhalm greifend. Der Einfall vom Reinfall führt diesen erst herbei – die klassische sich selbst erfüllende Prophezeiung. Wer vom Gelingen nicht überzeugt ist, kann niemanden überzeugen.

Doch es geht auch umgekehrt! Seien Sie – frei nach Picasso – ein Maler, der aus einem gelben Punkt eine Sonne macht, nicht umgekehrt! Malen Sie sich aus, wie Ihre Gehaltsverhandlung gelingt, Ihre Bewerbung einschlägt, Ihre frisch gegründete Firma durchstartet. Ihr Konfliktgespräch? Klappt! Ihr Verbesserungsvorschlag? Überzeugt! Ihr Einzelbüro? Genehmigt! Je detaillierter Sie sich diese Erfolge ausmalen, desto mehr färben diese Gedanken ab auf Ihre Ausstrahlung. Ihre Stimme wird fester, Ihre Argumente treffender, Ihre Körpersprache offener. Der Ort, wo Sie alles gewinnen, aber auch alles verlieren können, ist Ihr Kopf.

Profisportler wissen das. Was malt sich ein Skispringer aus, ehe er auf die Schanze geht? Einen weiteren Sprung, eine perfekte Landung! Diese Vorstellung legt in seinem Gehirn neuronale Vernetzungen an, die einen realen Erfolg leichter machen. Wer sich dagegen ausmalt, dass er stürzt, bekommt wacklige Beine. Nicht nur auf der Schanze.

## Vergiss den Vergleich!

Wer sich vergleicht, macht sich gleich.
Sorgen Sie besser dafür, dass Sie einmalig sind.

*Das Vergleichen ist das Ende des Glücks und der*
*Anfang der Unzufriedenheit.*

*Søren Kierkegaard*

Der Lieblingssport in deutschen Büros? Das Vergleichen! Jeder kneift die Augen zusammen, schaut auf den anderen und fragt sich: Was kann er, was ich nicht kann? Was hat er, was ich nicht habe? Was sieht der Chef in ihm, was er in mir nicht sieht? Pausenlos werden die eigene Leistung, die eigene Beziehung zum Chef, der Stand der eigenen Fortbildungen, ja sogar die Zahl der eigenen Duzfreunde durch die Schablone des Vergleichs gedrückt. Jeder will der Erste unter Gleichen sein. Was dabei herauskommt, hat Søren Kierkegaard erkannt: Unzufriedenheit.

Vergleich macht gleich. Wer Erster unter Gleichen ist, bleibt dennoch – ein Gleicher! Die Kunst besteht nicht darin, sich denselben Maßstäben wie die Kollegen zu unterwerfen und sie dann um ein paar Millimeter zu übertreffen; dieses Denken führt zu Mittelmaß. Wer immer nur den anderen nacheifert, kann sich von ihnen nur in Nuancen abheben. Niemand garantiert, dass ein solcher Minimalvorsprung überhaupt registriert wird.

Vor allem besteht die Gefahr, dass der Vergleich Sie auf ein falsches Spielfeld lockt: Wenn Ihr Kollege vorzügliche Positionspapiere schreibt, Ihre Stärke aber im mündlichen Auftritt liegt, sollten Sie sich dann auf einen Papierkrieg einlassen, den Sie nur verlieren können? Nein, besser, Sie machen sich frei von diesem Vergleich und machen Ihr eigenes Ding.

Die Kunst besteht darin, eigene Maßstäbe zu setzen! Zum Beispiel die Positionen bei Meetings mitreißend zu präsentieren, überzeugende Vorträge zu halten, das direkte Gespräch mit den obersten Chefs zu suchen. So entgehen Sie auch der Gefahr, Erster unter Gleichen sein zu wollen, aber nur Zweiter zu werden. Vielmehr heben Sie sich ab, gehen eigene Wege und können Ihre persönlichen Qualitäten zur Geltung bringen. Damit ernten Sie mehr Ansehen, als Ihnen jeder noch so schmeichelhafte Vergleich einbringen könnte.

Wenn Sie Ihre Stärken ausspielen, Ihre Duftmarken setzen und sich über den kleinkarierten Vergleichswettbewerb erheben, werden Sie bald schon als das gelten, was für Sie am günstigsten ist: als unvergleichlich. Und das ist die Voraussetzung, wenn Sie nicht die gleichen Aufgaben wie Ihre Kollegen verrichten, das gleiche Gehalt bekommen, die gleiche Karriere machen wollen – sondern das ganz Besondere, das Unvergleichliche anstreben.

## Das Ende des Aufschiebens

Alles, was Sie aufschieben, beansprucht Raum in
Ihrem Kopf. Tun Sie das Nötige lieber gleich –
und lassen Sie das Unnötige.

*Verschiebe nicht auf morgen, was genauso gut auf
übermorgen verschoben werden kann.*

Mark Twain

Noch drei Mails, die Sie nächste Woche beantworten wollen?
Noch ein Konzept, das einen Feinschliff braucht? Noch ein Meeting, das Sie schon seit einer Ewigkeit einberufen möchten? Dass
wir Ungeliebtes gern von morgen auf übermorgen verschieben,
hat schon Mark Twain gewusst.

Doch jeder Vorgang, den Sie nicht abschließen, ist wie ein
Ball beim Jonglieren: Sobald er in der Luft ist, müssen Sie ihn im
Auge behalten. Unvollendete Vorgänge sind die gefährlichsten
Konzentrationsräuber dieser Erde, das hat die Psychologin Bluma
Zeigarnik nachgewiesen; man spricht vom Zeigarnik-Effekt.

Was können Sie tun, um die Zahl der offenen Vorgänge zu
reduzieren und einen freieren Kopf zu bekommen? Erstens: Erledigen Sie alles, was schnell geht, auf der Stelle. Statt drei unbeantwortete Mails mit in die neue Woche zu nehmen, sollten Sie noch
schnell die Antworten tippen. Wenn Sie Tätigkeiten derselben Art
bündeln, also drei Mails auf einmal schreiben, statt dreimal eine
Mail, sparen Sie Zeit und Kraft.

Zweitens, und dieser Tipp ist der wichtigste: Fragen Sie sich
bei allen Vorgängen, die noch offen sind, mal ganz kühn: »Kann
ich diesen Ball nicht einfach fallen lassen?« Muss er wirklich sein,

dieser Sonder-Newsletter? Käme Ihr Konzept, das ohnehin schon gut ist, nicht ohne Feinschliff aus? Und ginge die Welt ohne das Großmeeting, das offenbar lange entbehrlich war, tatsächlich unter? Sie werden staunen, was Sie alles lassen können, ohne dass ein Hahn danach kräht.

Und drittens: Schreiben Sie die wenigen Vorgänge, die Sie wirklich noch abschließen wollen, in einer To-do-Liste auf. Setzen Sie klare Termine, und sorgen Sie dafür, dass Sie sich strikt an Ihre Vorgaben halten. Alles, was Sie aufschreiben, müssen Sie nicht länger im Kopf behalten. Wieder ein Ball, den Sie loslassen können.

Wer so vorgeht, wird mit einem besseren Gewissen belohnt. Das ständige Gefühl, hinter den eigenen Vorsätzen zurückzubleiben und am Ende jedes Arbeitstages doch nicht fertig zu sein, weicht einer Zufriedenheit mit dem Erreichten. Vor allem schaffen Sie Freiräume für neue Gedanken. Je weniger alte Bälle Sie jonglieren müssen, desto höher können Sie die neuen Bälle werfen. Und große Würfe gelingen Ihnen nur, wenn Sie nicht übers Dringende, sondern übers Wichtige nachdenken. Ideen dürfen kühn, Visionen groß sein. Solche Bälle sollten Sie lange Zeit im Auge behalten.

## Die richtige Stärken-Dosis

Jede Stärke, die Sie übertreiben, wird zu einer
Schwäche – auf die richtige Dosierung kommt es an.

*Der Machtmensch geht an der Macht zugrunde,*
*der Geldmensch am Geld, der Unterwürfige am Dienen,*
*der Lustsucher an der Lust.*

Hermann Hesse

Die Probezeit endete mit einem Knall. Der mittlere Manager
musste seinen Hut nehmen. Derselbe Autozulieferer, der ihn aus
seiner alten Firma gelockt hatte, gab ihm nun den Laufpass. Begründung: »Sie passen nicht zu unserer Kultur!«

Worüber war der Manager gestolpert? Ausgerechnet über jene
Eigenschaft, die er als seine größte Stärke ansah: sein Durchsetzungsvermögen. Projekte gegen Widerstand durchzuboxen, Meinungen zu drehen, Märkte umzukrempeln und Konkurrenten zu
übertrumpfen, das war ihm im Laufe seiner Karriere mehrfach
gelungen. Er war ein Draufgänger, eine Kämpfernatur, ein Überzeugungstäter.

Seine letzten Firmen, zwei Autokonzerne, hatten ihn wegen
dieser Rambo-Mentalität befördert. Bei seinem neuen Arbeitgeber, einem mittelständischen Zulieferer, warf er sich wie gewohnt
in die Schlacht – eine Probezeit mit Power. Er hörte nicht hin,
sondern kommandierte. Schob eigenmächtig Projekte an, über-
schritt seinen Handlungsrahmen, brandmarkte die Bedenken anderer als Hasenfüßigkeit. Die Kollegen rebellierten. Zwei Kritik-
gespräche, in denen sein Chef »mehr Diplomatie« anmahnte,
liefen ins Leere.

Mit den Stärken eines Menschen verhält es sich wie mit einer Arznei: Ob Heilmittel oder Gift, hängt allein von der Dosis ab. Gerade die dribbelstärksten Fußballer neigen dazu, einen Haken zu viel zu schlagen – statt den Ball einfach ins Tor zu schieben.

Jede Stärke, die man übertreibt, wird zur Schwäche. Viele Machtmenschen, sagt Hermann Hesse, gehen an der Macht zugrunde. Wer es mit der Diplomatie übertreibt, verkommt zum Weichei. Wer zu kontaktfreudig ist, endet als »Schwätzer«. Und ein »brillanter Rechner«, der allzu viel rechnet, wird als »herzloser Zahlenanbeter« abgeschrieben – erst recht in einem neuen Umfeld, wo andere Werte gelten.

Welches sind Ihre Stärken? In welcher Dosierung dienen sie Ihrer Aufgabe? In welchen Situationen können Sie damit auftrumpfen? Und wann schlagen dieselben Stärken – aus Sicht anderer – in Schwächen um? Solche Fragen hätte der Automanager sich stellen und sein Durchsetzungsvermögen entsprechend dosieren müssen. Dann wäre er vorwärtsgekommen – und nicht unter die Räder seiner eigenen Stärke.

## Das zauberhafte Vorbild

Gibt es einen Star, den Sie verehren?
Oft helfen solche Vorbilder, die eigenen Potenziale
zu entwickeln.

*Jeder Mensch suche sich Vorbilder! (...) Und es ist*
*unwichtig, ob es sich dabei (...) um Mahatma Gandhi*
*oder um Onkel Fritz aus Braunschweig handelt,*
*wenn es nur ein Mensch ist, der im gegebenen*
*Augenblick ohne Wimpernzucken gesagt oder getan*
*hat, wovor wir zögern.*

Erich Kästner

Fragt man Menschen nach ihren Vorbildern, reichen die Antworten von Luther bis Lena, von Obama bis Opa, von Gottlieb Daimler bis Jack Welch. Jedes Vorbild kann eine Tür zu neuen Möglichkeiten öffnen. Wer seine persönlichen Werte aufspüren, seine Sehnsüchte aus dem Schwitzkasten der Gewohnheit befreien oder in kniffligen Situationen souverän handeln will, der kann sich von seinem Vorbild inspirieren lassen.

Aber wie können Sie diese Erkenntnis für Ihr Arbeitsleben nutzen? Schreiben Sie auf, was Sie an Ihrem Vorbild bewundern. Welche Glanztaten, welche Eigenschaften verbinden Sie mit ihm? Ich verspreche Ihnen: Alles, was Ihnen an einem anderen imponiert – ob an Gandhi oder »Onkel Fritz aus Braunschweig«, wie Kästner schreibt –, schlummert auch in Ihnen; sonst würde es Sie nicht ansprechen.

Nun gehen Sie die Eigenschaften Ihres Vorbilds durch. Was fasziniert Sie daran? Und in welchen Situationen würde es Ihnen helfen, Ihr Verhalten mit einer kleinen Portion genau dieser Eigenschaft zu würzen?

Vor ein paar Jahren beriet ich einen Marketing-Fachmann, der Martin Luther als mutigen Querdenker bewunderte. Er litt darunter, dass er im Alltag viel zu oft die Vorschläge anderer schluckte und eigene Ideen kampflos begrub. Ich fragte ihn: »Wie würde Luther in solchen Situationen handeln? Was würde er tun oder lassen? Welchen Ton anschlagen? Und mit welchen Argumenten die anderen überzeugen?«

Beim Rollenspiel, als Luther im Meeting, blühte mein Klient auf. Seine Stimme, sonst eher hoch, nahm eine tiefere Klangfarbe an. Seine Argumente, sonst schwammig, wurden klar und messerscharf. Vor allem verströmte er eine mitreißende Selbstsicherheit. Dieser Eindruck bestätigte sich, als er an seinem Arbeitsplatz erst Luther-Stunden, dann Luther-Tage einlegte – also Zeiträume, in denen er bewusst die positiven Eigenschaften seines Vorbilds aufgriff. Das gab ihm Mut, Selbstsicherheit und Orientierung. Der Mitläufer, der er nicht sein wollte, entwickelte sich zum Mitreißer.

Ob er Martin Luther wirklich ähnlicher wurde? Keine Ahnung. Aber er kam sich selbst näher, seinen Idealen und Möglichkeiten. Eine Stimmigkeit, zu der er dank seines Vorbilds fand.

## Die Stärken-Lupe

Die meisten Menschen bekämpfen ihre Schwächen.
Dabei wäre es klüger, die eigenen Stärken
zu entwickeln.

*Wer nicht kann, was er will, muss wollen, was er kann.*
*Denn das zu wollen, was er nicht kann, wäre töricht.*

Leonardo da Vinci

Im Straßenbau ist das üblich: Man bessert den Asphalt dort aus, wo die Schlaglöcher am größten sind. Es wird gefüllt, begradigt, geflickt. Ähnlich gehen viele Menschen bei ihren Fortbildungen vor. Sie fragen sich, wo sie die größten Wissenslücken und Schwächen haben. Und wie Straßenlöcher mit Kies gefüllt werden, so füllen Sie Ihre Defizite mit neuem Wissen, mit Training auf.

Das Problem ist nur: Geflickte Straßen bleiben holprig. Wenn jemand, der kein Talent für Fremdsprachen hat, dauernd an diesen Fremdsprachen herumflickt, dann wird er zwar etwas besser, aber niemals richtig gut. Dafür gibt's keinen Applaus. Und den Sprachtalenten wird er nie das Wasser reichen können. Wenn jemand ein geborener Chaot ist, kann er zwar den fünften Kurs in Zeitmanagement belegen, aber mit seinem Ordnungstalent wird er dennoch keinen Blumentopf gewinnen.

Warum Straßen begradigen, auf denen es holpert? Sorgen Sie besser dafür, dass Ihre persönlichen Rennstrecken schneller werden – indem Sie Leonardo da Vincis Rat beherzigen und wollen, was Sie können, statt zu wollen, was sie nicht können.

Wer Stärken ausbaut, statt an Schwächen herumzudoktern, kommt besser vorwärts. Ist der oben genannte Chaot vielleicht ein kreativer Kopf, dessen Einfälle immer wieder verblüffen? Dann wäre ihm ein Seminar in Kreativitätstechniken zu empfehlen. Dort lernt er, die Zahl seiner Geistesblitze zu erhöhen und diese in nutzbare Ideen umzuwandeln. Auf dem Feld, auf dem man schon stark ist, brillant zu werden – darauf kommt es an. Auf der Richterskala Ihres Berufs werden Sie an den Ausschlägen nach oben gemessen. Was in der Mitte der Skala passiert, interessiert niemanden. Auch werden kleine Schwächen durch große Stärken mehr als kompensiert. Wer stört sich daran, dass ein Marketing-Mitarbeiter chaotisch ist, wenn seine Ideen den Markt aufrollen? Je erfolgreicher er ist, desto größer die Chance, dass man ihm eine Assistentin mit Organisationstalent an die Seite stellt.

Auf dieser Idee basieren Firmen: dass jeder das tut, was er am besten kann. Bauen Sie Ihre Stärken so lange aus, bis Sie auf Ihrem Feld eine Kapazität, die Nummer eins sind. Dann kommt Ihre Karriere auf der Schnellstraße vorwärts – statt immer wieder in den Schlaglöchern alter Schwächen festzustecken.

## Die Mitarbeiter-Blume

Blumen wachsen in der richtigen Erde –
und Sie als Mitarbeiter an den richtigen Aufgaben.

*Nicht jede Zeit findet ihren großen Mann,*
*und nicht jede große Fähigkeit findet ihre Zeit.*

*Jacob Burckhardt*

Der Fußballtrainer Otto Rehagel ist so ein Fall. Werder Bremen, bis dahin Mittelmaß, machte er zum Deutschen Meister. Und aus Griechenland, einem Fußballzwerg, zauberte er den Europameister 2004. War er also ein Trainer, dessen goldenes Händchen sich jeden Pokal griff? Ach was! Derselbe Rehagel, der in Bremen gefeiert und in Griechenland vergöttert wurde, zog 1996 bei Bayern München davon wie ein geprügelter Hund – nach nur neun Monaten und einer verkorksten Bundesliga-Saison

Ob ein Fußballtrainer erfolgreich ist, hängt nicht nur von seinem Können ab, sondern vor allem von der Frage: Passen seine Fähigkeiten zur Kultur, zum Kader, zum Tabellenplatz eines Vereins? Bayern München vorm Abstieg zu bewahren, das hätte der Aufbau-Spezialist Rehagel vielleicht gekonnt. Doch ein Star-ensemble noch höher zu hieven, war sein Ding nicht.

Dass nicht jede große Zeit ihren großen Mann findet und nicht jede große Fähigkeit ihre Zeit, dieser Satz von Jacob Burckhardt trifft auch aufs normale Berufsleben zu. Wie oft habe ich dieselben Menschen, die in der einen Firma untergingen, in der nächsten Firma triumphieren, jene, die unter der einen Aufgabe zusammenbrachen, an der nächsten Aufgabe über sich hinauswachsen, einen, der hier gemobbt wurde, dort als beliebten Kollegen gesehen. Doch noch öfter bleiben Menschen im falschen Umfeld hängen – wo sie unfähig wirken, ohne es insgesamt zu sein!

Fragen Sie sich immer: Wie gut passt meine Firma zu mir? Wie jede Blume eine bestimmte Erde braucht, um zu wachsen, brauchen auch Sie ein bestimmtes Umfeld, um Ihre Stärken auszuspielen. Große oder kleine Firma, Inland oder Ausland, enge oder weite Führung, viel oder wenig Verantwortung, Tages- oder Projektarbeit, Fach- oder Führungsaufgaben – was lässt Sie zu Hochform auflaufen? Welche Firma, welche Aufgabe kitzeln meisterliche Leistungen aus Ihnen heraus?

Ein Blick zurück hilft: Wo(bei) waren Sie am erfolgreichsten? Was ging Ihnen am besten von der Hand? Wann haben Sie mehr bewegt, als es anderen möglich schien? Tun Sie alles, um nicht am falschen Ort zu verdorren, sondern Ihre persönliche Wachstumserde zu finden.

Große Erfolge werden Sie nur dort erzielen, wo Ihr Typ wirklich gefragt ist. Hätte Otto Rehagel den Absprung von Bayern nicht geschafft: Womöglich wäre er zur tragischen Figur geworden – statt mit Griechenland Europameister.

# 8. Kontakte und Selbst-PR: Perfekt im Gespräch

## Gesellig zum Erfolg

Einzelgänger haben's schwer: Im Berufsleben kommt es auf gute Kontakte an.

> *»Er ist sehr ungesellig« besagt beinahe schon:*
> *»Er ist ein Mann von großen Eigenschaften.«*
>
> Arthur Schopenhauer

Wie viele Menschen braucht es, um eine große Leistung zu vollbringen? Was die Kunst angeht, ist diese Frage leicht zu beantworten. Oder können Sie mir einen Roman, ein Bühnenstück oder nur ein Gedicht von Weltrang nennen, hinter dem mehrere Autoren stehen? Ob große Bücher, große Gemälde oder große Musikstücke: Meist handelt es sich um die Taten einsamer Genies. Und nicht selten waren diese großen Köpfe Eigenbrötler wie Friedrich Schiller, die das stille Kämmerlein dem gesellschaftlichen Umtrieb vorzogen.

Aber trifft Schopenhauers Aussage über die großen Männer auch aufs Geschäftsleben zu – sind die einsamen Wölfe, die großen Taten und den rauschenden Erfolg prädestiniert? Reiten diese Typen einsam in den Sonnenuntergang, wie der Held im Western, statt mit anderen an der Bar ihren Drink zu nehmen?

Geschäftsleute machen Geld, keine Kunst! Auf Weltfirmen trifft zu, was für die Weltliteratur nicht gilt: Viele wurden von mehreren Menschen gegründet, deren Talente sich ergänzten. Denken Sie zum Beispiel an Microsoft, das Gemeinschaftsprodukt von Bill Gates, dem Computerhirn, und Paul Allen, dem Geschäftsstrategen.

Für Angestellte gilt erst recht: Wer ungesellig ist, reduziert seine Karrierechancen. Nicht nur die Arbeitsleistung macht erfolgreich, sondern auch die Netzwerke, die Kontakte, die sozialen Fähigkeiten. Anders lässt sich eine kuriose Studie des US-Wissenschaftlers Edward Stingham kaum erklären, nach der Alkoholtrinker schneller Karriere machen. Wer pro Woche bis zu 21 Drinks kippt, verdient mehr und steigt schneller auf als ein Abstinenzler. Alkohol verbessert zwar nicht die Konzentration am Arbeitsplatz, aber die Kontakte. Wer nach Feierabend oder nach dem Kongress mit den Kollegen noch an der Bar sitzt, baut Beziehungen auf, trainiert das Sprechen und Zuhören, bekommt heiße Informationen, und sein Vitamin-B-Pegel steigt. Alle, die seine Gesellschaft schätzen, werden gut über ihn reden, ihm wichtige Informationen zuspielen und ihn für freie Positionen empfehlen.

Im Büro gilt dasselbe wie in der Bergwand: Eine Seilschaft kommt sicherer nach oben als ein einzelner Kletterer. Und wenn einer oben ist? Dass große Männer und Frauen einsam werden, mag schon sein. Aber die Einsamen werden im Job selten groß!

## Die neue Wellenlänge

Die nützlichsten Menschen im eigenen Netzwerk sind oft diejenigen, von denen man es nie vermutet hätte: die entferntesten Bekannten.

*Die Freunde, die man um vier Uhr morgens anrufen kann, die zählen.*

Marlene Dietrich

Kann es sein, dass Ihr Netzwerk einen typischen Fehler aufweist? Dass es aus guten Bekannten und Arbeitskollegen besteht, womöglich sogar aus Freunden, die Sie morgens um vier anrufen könnten (wie Marlene Dietrich es ausdrückt)?

Was daran falsch ist? Die meisten dieser Menschen bewegen sich im selben Dunstkreis wie Sie selbst und betrachten die Welt aus demselben Blickwinkel. Was ihnen auffällt, haben Sie oft schon längst bemerkt. Was sie hören, ist oft schon an Ihre Ohren gedrungen – zum Beispiel der Tipp, dass in der Tochterfirma eine Stelle frei wird, um die sich jetzt 30 Tipp-Empfänger balgen. Nicht einmal die Denkanstöße dieser Menschen werden immer nützlich, weil neu für Sie sein – schließlich bevorzugen wir Freunde, die auf derselben Wellenlänge funken.

Gutes Networking sprengt diese Enge. Statt immer wieder dieselbe Wellenlänge abzuhören, sollten Sie gezielt neue Sender empfangen, über Ihren direkten Bekanntenkreis hinaus. Vielleicht weiß der Bekannte einer Bekannten eines Bekannten, dass am anderen Ende Deutschlands, wo er wohnt, gerade Ihr Traumjob frei wird. Vielleicht kann Ihnen der Schwager der Stiefmutter eines Arbeitskollegen die Tür zu einer Branche öffnen, die Sie bislang nicht auf dem Schirm hatten. Beides, die abgelegene Region und die abseitige Branche, wäre in Ihrem direkten Netzwerk, das Ihre Ist-Situation spiegelt, oft nicht vertreten.

Gutes Networking funktioniert wie Billard. Sie spielen einen Ball gegen die Bande, von dort wird er an die nächste Bande geleitet und so weiter, bis er irgendwann ins Loch trifft. Je gezielter Sie diese indirekten Kontakte nutzen, desto erfolgreicher werden Sie sein; das hat der Soziologe Mark Granovetter schon vor Jahrzehnten nachgewiesen.

Um einen Job zu finden, sollten Sie die Menschen Ihres direkten Netzwerkes bitten, im eigenen Bekanntenkreis herumzufragen und die Anfrage weiterzugeben. Wenn Sie zehn Menschen ansprechen, von denen jeder zehn weitere anspricht, und dieser Vorgang wiederholt sich erneut, dann haben Sie rund tausend Job-Scouts für sich im Einsatz, weit über die Grenzen Ihres ursprünglichen Netzwerkes hinaus.

Die neuen, indirekten Kontakte sind die effektivsten, weil sie Ihnen neue, überraschende Perspektiven eröffnen können: in Branchen, an die Sie nicht gedacht haben, und in Regionen, die nicht auf Ihrem Radar waren. Wer beim Networking über Bande spielt, locht schneller ein.

## Der Vorzimmer-Flirt

Wer Karriere machen will, sollte einen guten Draht
zur Chefsekretärin pflegen.

*Das Vertrauen gibt dem Gespräch mehr Stoff*
*als Geist.*

François Duc de La Rochefoucauld

»Unsere Sekretärin hat sie nicht alle!«, tönte der junge Angestellte
in der Beratung. »Sie veranstaltet immer ein Riesentheater, wenn
ich mal einen Termin beim Chef will.« Wie der Kontakt zwischen
ihm und der Sekretärin ablaufe, wollte ich wissen. »Ich komme
rein und sage: Bitte einen Termin beim Chef, möglichst rasch.«
Und sie schaut mich an, als hätte ich sie beleidigt – und schiebt
mich ab in die nächste Woche.«

Er überlegte, sich beim Chef über sie zu beschweren. Seine
Diagnose: »Klarer Fall von Selbstüberschätzung!« Dieser Aussage stimmte ich zu – nur dass ich die Selbstüberschätzung wo-
anders sah: bei ihm! Offenbar hatte er keine Ahnung, wie unbe-
deutend er selbst für seinen Chef war, im Vergleich zu dessen
Sekretärin.

Immer wieder erlebe ich, dass Topmanager nur unter einer
Bedingung den Arbeitgeber wechseln: Ihre Sekretärin muss mit
verpflichtet werden – so wie mancher Cheftrainer nur im Doppel-
pack mit seinem Co-Trainer anheuert. Niemand steht einem Vorgesetzten so nahe wie seine langjährige Sekretärin. Sie spricht für
ihn, wenn sie telefoniert, sie tippt für ihn, wenn sie schreibt. Sie
bildet eine so enge Einheit mit ihm, dass manchmal unklar ist, wer
hier wen führt.

Und jetzt dürfen Sie dreimal raten: Wen fragt der Chef zuerst, wenn er wissen will, wie sich ein neuer Mitarbeiter macht? Wen, wenn er hören möchte, wie die Stimmung ist? Wen, wenn eine Beförderung ansteht? Seine Sekretärin! Sie ist sein stellvertretendes Auge aufs Tagesgeschäft, während er über den Dingen schwebt. Die subjektiven Ausschnitte der Wirklichkeit, die sie ihm einflüstert, prägen seine Wahrnehmung. Dabei wiegt, frei nach La Rochefoucauld, das Vertrauen zwischen den beiden schwerer als die intellektuelle Schärfe des Urteils.

Wer hochnäsig durchs Vorzimmer stolziert, wie der junge Angestellte, muss dafür einen hohen Preis zahlen: Das Sympathie-Thermometer der Sekretärin sinkt unter den Gefrierpunkt. Und ein solcher Frost springt blitzschnell vom Vorzimmer ins Chefbüro über! Hätte der Betriebswirt sich über die Sekretärin beschwert, in seinem Verhältnis zum Chef wäre eine Eiszeit angebrochen.

Der umgekehrte Weg bringt mehr: Wer einen guten Draht zur Chefsekretärin pflegt, wer mit ihr immer wieder plaudert, zum Mittagessen geht und sie als Individuum achtet, der bekommt nicht nur schnellere Termine – sondern der hat auch einen besseren Ruf beim Chef.

## Die Vitamin-B-Spritze

Informelle Kontakte ebnen den Weg zum Erfolg.
Ohne Vitamin B läuft gar nichts.

*Den Haien entrann ich, die Tiger erlegte ich.*
*Aufgefressen wurde ich von den Wanzen.*

Bertolt Brecht

Was bremst eine Karriere aus? Nicht die großen Schnitzer, nicht die Haie oder Tiger, wie Brecht es nennt. Vielmehr verschlingen die Wanzen, die unbemerkten kleinen Fehler, den Erfolg. Zum Beispiel beriet ich einen leitenden Pharma-Angestellten, der sich bei Führungsmeetings nie durchsetzen konnte. Woran scheiterte er bloß? Kaum an einer schlechten Vorbereitung (Hai!), denn er war ein Aktenfresser; kaum an einer mangelhaften Rhetorik (Tiger!), denn er formulierte brillant. Vielmehr fehlten ihm ein paar Gramm Vitamin B (Wanze!). Welche Positionen er auch vertrat, stets prallten seine Vorschläge von den Kollegen ab wie Freistöße von einer Mauer.

In der Beratung erfuhr ich: Mein Klient kam immer als Letzter in die Meetings, pünktlich zur Startzeit. Die Kollegen waren schon da, steckten die Köpfe zusammen, plauderten. Auch unter der Woche trafen sie sich nach Feierabend zum Golf, zur Sauna oder auf einen Absacker. Doch mein Klient klammerte sich eisern an seinen Schreibtisch. Das Tagesgeschäft nahm ihn, wie er sagte, »voll in Anspruch«.

Ein Held der Arbeit wollte er sein. Seine Energie richtete er nur auf seinen Arbeitsplatz, nicht auf die Menschen um ihn herum. Doch was bringen die besten Ideen, wenn sie sich nicht durchsetzen lassen; was die tollsten Ergebnisse, wenn keiner sie würdigt? Offenbar war der Meetingraum dieser Firma kein Ort, wo Beschlüsse gefällt, sondern einer, wo sie nur verkündet wurden; die Allianzen bildeten sich im Vorfeld, nach Feierabend. Mein Klient, ein sachorientierter Mensch, übersah, wie so viele Akademiker, die Bedeutung informeller Netzwerke. Deshalb ließ er sich auch die Chance entgehen, zehn Minuten vor dem Meeting im Raum zu sein und Verbündete zu gewinnen.

Wie steht es mit Ihnen? Haben Sie schon einmal eine Liste aller Menschen erstellt, die für Ihre Karriere wichtig sind? Was tun Sie, um diese Kontakte zu pflegen? Wüssten Sie in einer Besprechung oder bei einem Beförderungswunsch ganz genau, auf wessen Unterstützung Sie bauen können? Es lohnt sich, die eigenen Truppen in Stellung zu bringen, noch bevor die Schlacht beginnt. Nutzen und pflegen Sie Ihre Kontakte ganz gezielt – jeden Tag mindestens einen.

Wer Feuerschutz genießt, braucht keine Haie und Tiger zu fürchten. Wer Alleingänge unternimmt, kann über jede Wanze stolpern.

## Maulkorb für Maulhelden

Wenn die Kollegen sich einig sind, können sie einen
Maulhelden in die Schranken weisen.

*Es sind nicht immer die Lauten stark,*
*nur weil sie lautstark sind.*

Konstantin Wecker

Zehn Mitarbeiter haben über Monate an dem Projekt gearbeitet.
Doch jetzt, da es mit Erfolg abgeschlossen ist, geht einer von
ihnen damit beim Chef hausieren. Er schiebt die ganz große Bug-
welle, stellt den Erfolg als seine Herkules-Tat und die Arbeit seiner
Kollegen als bloßes Beiwerk dar. Die Trommler, die Lauten, die
Maulhelden: Sie eilen den stillen Leistungsträgern oft voraus. Sie
verwenden einen Großteil ihrer Arbeitszeit nicht aufs Arbeiten,
sondern aufs Selbst-Marketing. Zieht man das Klappern ab, bleibt
von ihrem Handwerk wenig übrig. Sogar das Hochfahren ihres
Computers könnten sie als Spitzenleistung darstellen.

Mit derselben Geschwindigkeit, mit der einige Aktiengesell-
schaften ihre Ad-hoc-Meldungen verbreiten, lassen solche Maulhelden neue Jubelgesänge auf sich erklingen, natürlich in Hörweite
der Chefs: wie sie (Schein-)Probleme gelöst, Ideen anderer entwickelt und Beziehungen gepflegt haben (die vorher schon oder – im
schlimmsten Fall – noch intakt waren). Wer seine Arbeit ohne
Lärm verrichtet, wird von diesem Getöse schnell in den Hinter-
grund gedrängt. Was tun, damit diese Lautstärke nicht mit Stärke
verwechselt wird (wie Konstantin Wecker es formuliert)?

Erstens: Sorgen Sie dafür, dass Ihre eigene Leistung auch mit
Ihrem Namen verbunden wird, etwa indem Sie Strategiepapiere

schreiben, Ihren Chef bei wichtigen Mails auf den Verteiler setzen oder ihm in Einzelgesprächen oder bei Meetings davon berichten. Bei einem Leistungsbrief, auf dem Sie fett als Absender stehen, ist die Lücke für den Ideenklau geschlossen.

Zweitens: Üben Sie, wenn sich jemand auf Kosten des Teams profiliert, mit Ihren Kollegen Gruppendruck aus. Sorgen Sie dafür, dass ein Profilneurotiker vielstimmig und vorzugsweise öffentlich korrigiert wird, wenn er eine Gemeinschaftsleistung als seine eigene verkaufen will. Falls er sein Verhalten nicht ändert, muss die Gruppe entscheiden, ob sie ihn weiter mit wichtigen Informationen und Erkenntnissen versorgt.

Und drittens: Geben Sie dem Lautsprecher unter vier Augen eine Rückmeldung, zum Beispiel: »Wie kommst du dazu, eine Gruppenleistung nur mit deinem Namen zu versehen?« Solche direkten Feedbacks können Grenzen setzen und Spielregeln definieren. Vor allem sorgen sie dafür, dass die Lauten ausnahmsweise mal kleinlaut werden …

## Ein Schlafmittel namens PowerPoint

Hochdosierte PowerPoint-Folien sind ein Schlafmittel.
Wer freie Vorträge hält, erntet mehr Aufmerksamkeit.

*Man läuft Gefahr zu verlieren,*
*wenn man zu viel gewinnen möchte.*

*Jean de La Fontaine*

Das beste Schlafmittel dieser Erde ist rezeptfrei. Man muss es schlucken, sobald man eine Kongresshalle betritt, an einem Konferenztisch sitzt oder nicht schnell genug flieht, wenn ein Vertriebsmitarbeiter zum Vortrag ausholt. Dieses Schlafmittel lässt Gedanken erstarren, verwandelt Säle in Schlafsäle und sorgt dafür, dass lebendige Gesichter zu Masken erstarren. Sein Name – PowerPoint.

In der Computer-Steinzeit mag diese Präsentationstechnik die Zuhörer überrascht haben wie die Eingeborenen ein großer Vogel namens Flugzeug. Doch heute fällt PowerPoint unter das Betäubungsmittelgesetz, wenn auch nur in der Form, wie es die meisten verabreichen; Powerpoint ist zur Krücke für Redner geworden, die sich ihren Text nicht merken können. Satz für Satz hangeln sie sich an ihren Folien entlang und bleiben dabei so blass, dass ihre bunte Präsentation interessanter wirkt – aber nur für 30 Sekunden, bis die ersten Zuhörer schnarchen.

Was tut ein guter Redner? Er überrascht sein Publikum. Was tut ein Mr. PowerPoint? Er hält, im wahrsten Sinne, einen erschöpfenden Vortrag. Weil er viel gewinnen will, würde Jean de La Fontaine sagen, verliert er alles. Er hat mehr Folien als Verstand und serviert genau das, was das Publikum befürchtet hat: einen trockenen Faktensalat. Statt seine Zuhörer mitzureißen, statt sie mit Emotionen zu packen, tritt er als Folien-Vorleser auf und erinnert dabei verdächtig an die Reden so mancher Politiker.

Solche Vorträge grenzen an Körperverletzung, an Folien-Folter. So lässt sich niemand für eine Sache gewinnen, ja nicht einmal darüber informieren. Der Magnet, an dem neues Wissen hängen bleibt, ist das Interesse der Zuhörer. Und das will geweckt werden, nicht eingeschläfert.

Versuchen Sie mal wieder einen folienfreien Vortrag. Stellen Sie sich in den Mittelpunkt, nicht die Technik. Gestikulieren Sie, provozieren Sie, flüstern Sie, knurren Sie, tanzen Sie, jonglieren Sie einen Gegenstand, suchen Sie den Dialog mit Ihren Zuhörern. Seien Sie ein Mensch unter Menschen, ein lebendiges Wesen.

Wer Emotionen wecken will, muss Emotionen zeigen. Wer Ansehen gewinnen will, muss selbst von vielen Augen angesehen werden (statt seiner Folien). Auf diese Weise können Sie Ihr Publikum überraschen, mitreißen und wach halten. Power ja – aber bitte vom Redner!

## Hier stehe ich, ich kann nicht anders!

Wenn Sie Zweifel auf der Zunge tragen,
können Sie niemanden überzeugen.
Ein klarer Standpunkt hilft, andere zu gewinnen.

*Es ist ein Jammer, dass die Dummköpfe so*
*selbstsicher sind und die Klugen so voller Zweifel.*

Bertrand Russell

Ein junger Mann, schwer verliebt, kam zu Sokrates: »Soll ich heiraten?« Der Philosoph grübelte und sagte: »Heirate oder heirate nicht, du wirst beides bereuen.« Sokrates zeigte sich als Zweifler. Nicht an Schwarz oder Weiß glaubte er, sondern an Grautöne. Jede Entscheidung hätte ihren Preis und würde den versäumten Weg ins Licht der Verklärung tauchen.

Was einen Philosophen ausmacht – Abwägen und Grübeln – kann im Berufsleben ein Hemmschuh sein: Während die einen (oft die Klugen, wie Russell sie nennt) noch zweifeln, um ihre Standpunkte ringen, nach Worten suchen und Inhalte grammgenau abwägen, haben die anderen (oft die Dummen, die zweifelsfreien Lautsprecher) ihre Ansicht schon hinausposaunt, die Meinung in der Firma geprägt, die Weichen gestellt.

Es ist wie in einem Orchester. Nicht der feine Geigenstrich gibt den Takt vor, sondern das hämmernde Schlagzeug. Achten Sie einmal darauf, wer in Ihrer Firma die Marschrichtung bestimmt. Ich befürchte, nicht die Grübler und Denker. Nicht die besten Argumente setzen sich durch, sondern die Meinungs-Trommler, die blitzschnell einen Standpunkt einnehmen, den sie mit felsenfester Sicherheit vertreten. Und wenn ihre »sicheren«

Pläne und Projekte gescheitert sind? Dann posaunen sie auch hierfür eine Erklärung hinaus – aber niemals die, nicht auf die Nachdenklichen gehört zu haben.

Was tut man als Mensch, der vor dem Sprechen denkt, unter Menschen, die vor dem Denken sprechen – und sich damit auch noch durchsetzen? Drei Strategien:

Erstens sollten Sie, wann immer es geht, Ihre Zweifel mit sich selbst ausmachen. Bilden Sie Ihren klaren Standpunkt vor einer Debatte, und vertreten Sie ihn so überzeugend wie möglich.

Zweitens können Sie die Meinungstrommler immer wieder nach Fakten fragen: »Welche Belege gibt es dafür, dass …?« Drei, vier solcher Fragen, die schwammig beantwortet werden, können die Gruppenmeinung drehen.

Und drittens bleibt Ihnen die Chance, Ihren Standpunkt schriftlich mitzuteilen. Risiken aktenkundig zu machen. Alternativen aufzuzeigen. Mag sein, dass Sie erst auf Interesse stoßen, wenn das Kind schon in den Brunnen gefallen ist. Doch das verleiht Ihrer Stimme mehr Gewicht. Fürs nächste Konzert der Meinungen.

## Der Mantel des Schweigens

Wer Vertrauliches im Kollegenkreis ausplaudert,
tritt oft ins Fettnäpfchen. Der Mantel des Schweigens
ist im Zweifel die bessere Dienstkleidung.

*Man braucht zwei Jahre, um sprechen zu lernen,*
*und fünfzig, um schweigen zu lernen.*

Ernest Hemingway

Was die Tsunami-Welle für ein Strandhäuschen ist, kann ein unbedachtes Wort für Ihre Karriere sein: das Ende aller Träume. Doch wer ist sich dessen schon bewusst? Nicht einmal mittlere Führungskräfte. Viele äußern sich gegenüber ihren Mitarbeitern abfällig über die Geschäftsleitung, Motto: »Ist zwar idiotisch, kommt aber von oben!« Solche Sätze sind wie Billardkugeln: Sie werden über Bande gespielt, bis sie in den Ohren des Kritisierten landen. Dann schlägt die Äußerung auf ihren Urheber zurück. Und wie!

Egal, was Sie in der Firma sagen, gehen Sie davon aus: Es bleibt nicht im Raum! Wie viele Chefkritiker wurden schon vom Bumerang ihrer eigenen Worte getroffen. Wie viele Bewerber, die nur einem »Arbeitsfreund« von ihren Wechselplänen erzählt hatten, wurden vor versammelter Mannschaft als Landesverräter angeprangert. Und wie oft ist Vertrauliches aus der Firma auf schnellen Sohlen durch die ganze Stadt gelaufen, nicht ohne den Namen des »Verräters« mitzunehmen.

Der Mund ist eine Waffe, mit der man sich im Job selbst den Garaus machen kann. Es sei denn, man tut das, was Hemingway indirekt empfiehlt – frühzeitig das Schweigen zu lernen.

Natürlich können Sie Ihrem Kollegen erzählen, was Sie verdienen. Aber wer garantiert Ihnen, dass er morgen nicht bei seinem Chef im Büro auftaucht und auf Ihren Gehaltszettel verweist? Und auf wen, glauben Sie, fällt das dann zurück?

Natürlich können Sie in kleiner Runde sagen, dass Sie einen Kunden für einen Schwachkopf halten. Aber wer garantiert Ihnen, dass Ihr Chef nicht von dieser Äußerung erfährt – und dann einen Ihrer Fehler zum böswilligen Sabotageakt aufbläst?

Wenn Sie Vertrauliches für sich behalten, Despektierliches nicht aussprechen und Ihre Teilnahme an der Lästerrunde verweigern, hat das gleich zwei Vorteile: Erstens laufen Sie nicht Gefahr, über Ihre eigene Äußerung zu stolpern. Und zweitens gelten Sie bald als vertrauensvolle Persönlichkeit unter losen Mundwerken. Auf diese Weise avancieren Sie zu jemandem, dem wirklich vertrauliche Informationen ins Ohr geflüstert werden, nicht nur platte Gerüchte.

Dieses Geheimwissen, zum Beispiel über eine frei werdende Traumstelle, können Sie zu Ihrem Vorteil nutzen. Indem Sie handeln, statt lange zu reden.

## Das gefährliche »Du«

Ist es ein gutes Zeichen, sich mit dem Chef zu duzen?
Nicht in jedem Fall.

*Ein Freund ist ein Mensch,*
*der dir völlig selbstlos schadet.*

Wiesław Brudziński

Der junge Jurist jammerte: »Mein Chef siezt sich immer noch
mit mir!« Das klang wie: »Er verweigert mir seine Wertschätzung.« Oder: »Er sieht mich als Mitarbeiter zweiter Klasse.«
Oder: »Er mag mich nicht!« Zwar kam auf Nachfrage heraus,
dass sich der Vorgesetzte nur mit einigen Mitarbeitern duzte.
Aber eben zu diesem innersten Kreis, zu diesen »Duzfreunden«,
hätte der junge Jurist gerne gehört. Das »Sie« wertete er als lästi-
gen Distanzhalter; das »Du« hätte er als Auszeichnung, als Ritter-
schlag empfunden.

Die Sehnsucht nach dem Du schlummert in vielen Mitarbeitern, selbst auf den Führungsetagen. So hat sich ein Abteilungsleiter im Zeitungsinterview zu einer gewagten Antwort hinreißen
lassen. Gefragt, was er seinem Chef gerne einmal sagen würde,
erwiderte er: »Du«. Das war sicher mit einem Augenzwinkern
gemeint, und doch bringt es einen weit verbreiteten Wunsch auf
den Punkt: Millionen Mitarbeiter wollen sich ihrem Chef so weit
annähern, bis das »Du« erreicht und das lästige »Sie« passé ist.

Dabei übersehen sie eine Kleinigkeit: Ein Du verkürzt die (oft
schützende) Distanz in beide Richtungen, auch zum Mitarbeiter
hin. Gut möglich, dass der Chef zu einem »Freund« wird, der
keine Grenzen mehr beachtet und Ihnen »völlig selbstlos schadet«

(wie es der polnische Satiriker Wiesław Brudziński ausdrückt). Etwa dann, wenn er Überstunden anregt: »Kannst du heute Abend bitte einspringen«, »Du wirst mich doch nicht hängen lassen«, »Ich habe fest auf dich gebaut«. Solche Sätze in der Du-Form können einen Mitarbeiter in emotionale Geiselhaft nehmen. Was in der Sie-Form eine Zumutung gewesen wäre, erscheint so als unumgänglicher Freundschaftsdienst. Auch eine Gehaltsforderung kann der Chef nun ohne jedes substanzielle Argument abschmettern: »Du willst mich doch nicht in Schwierigkeiten bringen!«

Das Du mag viele Vorteile bieten, gerade auf der Beziehungsebene. Aber es hat auch einen erheblichen Nachteil: Es kann die Grenzen der Professionalität verwischen. Die Qualität einer Beziehung, auch zum Chef, hat etwas mit gegenseitigem Respekt zu tun. Den muss ein Du zwar nicht ausschließen – aber es zaubert ihn auch nicht herbei. Im Gegenteil.

## Die Leistungsbühne

Entscheidend für Ihre Karriere ist nicht, was Sie
leisten – sondern was andere davon wahrnehmen.
Die Selbst-PR macht's.

*Manche Menschen wollen immer glänzen,*
*obwohl sie keinen Schimmer haben.*

*Heinz Erhardt*

Nehmen wir einmal an, Sie liefen einen neuen Weltrekord über
hundert Meter: 9,5 Sekunden. Was würde Ihnen diese Leistung
bringen? Anerkennung? Weltruhm? Werbeverträge? Vielleicht
nichts von alldem. Denn wer hat die Stoppuhr gedrückt? Wer
kann Ihren Lauf bezeugen? Welche Kameras haben ihn rund um
den Globus übertragen? Eine Leistung, die keiner sieht, bleibt
ohne Außenwirkung.

Dies gilt auch für Ihre Spitzenleistungen im Job: Wer drückt
die Stoppuhr, erkennt den Wert Ihrer Ergebnisse? Gibt es Zeugen,
die über Ihrer eigenen Hierarchieebene stehen, direkte Chefs oder
gehobene Vorgesetzte? Sind Sie wirklich fit, wenn es darauf ankommt, oder eher ein Trainingsweltmeister, dessen Geistesblitze
nur hinter den Kulissen leuchten? Und wie sorgen Sie bei Erfolgen
dafür, dass diese Nachricht auf schnellen Füßen durch die Firma,
vielleicht sogar die Branche läuft?

Mag sein, dass Sie mir jetzt entgegenhalten: »Ich will durch
meine Leistung überzeugen, nicht durch große Sprüche.« Ihre
Haltung in allen Ehren, aber kommen Sie damit im Job voran?
Es gibt zwei Arten von Leistung: eine tatsächliche und eine gefühlte. Meist entscheidet die gefühlte Leistung, die Wahrneh-

mung der Chefetage, darüber, ob Sie erkannt oder verkannt werden.

Oder haben Sie noch nie erlebt, dass ein Dünnbrettbohrer befördert wurde? Ein Leistungszwerg belobigt? Ein Schaumschläger zum Vorbild erklärt? Eine Studie beim Computerkonzern IBM ergab schon vor Jahren: Ob jemand befördert wird, hängt nur zu zehn Prozent von seiner Leistung ab – und zu 90 Prozent davon, wie er sie verkauft und mit seinen Chefs auskommt, von der gefühlten Leistung.

Egal, ob Sie ein wichtiges Projekt stemmen, eine geniale Idee entwickeln oder einen Markt erschließen: Sorgen Sie dafür, dass Ihr 100-Meter-Lauf publik wird. Spielen Sie den Regisseur Ihrer eigenen Leistung, erzeugen Sie Bilder und Szenen. Reden Sie bei Meetings und Kongressen, schreiben Sie Hausmitteilungen und Fachbeiträge, lassen Sie die Chefetage von Ihrem Husarenstreich wissen – so lange, bis Ihr Name wie ein Gütesiegel an der Leistung haftet.

Sonst laufen Sie Gefahr, dass Ihnen der Ruhm geklaut wird – womöglich von einem Leistungszwerg, der nur glänzen will, obwohl er keinen Schimmer hat (wie Heinz Ehrhardt es ausdrückt).

Glänzen ist durchaus erlaubt – sofern Sie einen Schimmer haben.

## Die Ritter der Schwafelrunde

Meetings sollen Probleme lösen – sind aber oft selbst
das Problem, weil sie unprofessionell ablaufen.

*Eine Konferenz ist eine Sitzung, bei der viele*
*hineingehen und wenig herauskommt.*

Werner Finck

Der natürliche Lebensraum des Vorgesetzten ist der Sitzungssaal.
Dort schart er mehrmals täglich seine Artgenossen um einen
großen Tisch. Dabei kommt es zu Rangkämpfen, wie man sie
unter Hirschen kennt: Wer ins Revier des anderen eindringt,
muss mit heftigen Attacken rechnen. Solche Kämpfe werden unter Gleichrangigen ausgefochten, um dem ranghöchsten Tier zu
imponieren.

So – oder so ähnlich – könnte ein Lexikon-Eintrag über die
Gattung Vorgesetzter beginnen. Aber sind Sitzungen nicht der
saure Apfel, in den man beißen muss, um Probleme zu lösen?
Nein, denn die einzige Fähigkeit, die erwiesenermaßen geschult
wird, wenn man in großer Runde über Probleme redet, ist die
Fähigkeit, in großer Runde über Probleme zu reden.

Eine Umfrage unter 800 Führungskräften im deutschsprachigen Raum ergab: Sieben von zehn Teilnehmern halten Meetings
für schlecht vorbereitet. Sechs von zehn meinten, Meetings verzö-
gerten Arbeitsabläufe. Und jeder Zweite sieht Verantwortlichkei-
ten nur unzureichend geklärt. Direkt nach der Umfrage, befürchte
ich, sind die Chefs ins nächste Meeting gehüpft: Ein Drittel gab
an, jeden Tag drei bis vier Stunden zu konferieren. Macht in
einem Berufsleben schlappe 20 Meeting-Jahre!

Woran kranken Meetings? Erstens: Es gibt zu viele davon! Wie wäre es, den Dialog auch außerhalb des Sitzungsraums zu pflegen? Alltägliches lässt sich im Alltag klären, es muss nicht in eine Sitzung ausgelagert werden. Wer öfter mal im Büro seiner Kollegen vorbeischaut und sich abstimmt, findet unkomplizierte Lösungen. Je weniger Meetings nötig sind, desto besser die Organisation!

Zweitens geht es bei Meetings oft nicht um die Sache, sondern nur um die Macht. Eine Abteilung marschiert gegen die andere auf, ein Teilnehmer profiliert sich auf Kosten des nächsten. Wer vor dem Meeting ein Sachproblem hatte, ist danach einen Schritt weiter – er hat nun auch noch ein Beziehungsproblem!

Und drittens: Wenn schon Meetings, dann bitte auch mit denjenigen, die von der Sache am meisten verstehen. Wenn Manager über ein neues Einkaufssystem debattieren, ohne dass ein Einkäufer dabei ist, verkommt der Besprechungsraum zu einer Insel der Ahnungslosen. Das führt zu Fehlentscheidungen. Und macht Mitarbeiter zu Trotzköpfen, die diesen Beschluss im Alltag torpedieren, bis er gescheitert ist. Womit ein neues Problem entstanden ist. Zeit fürs nächste Meeting!

# 9. Führung: Alles, was ein Chef tun und lassen muss

## Der gefesselte Chef

Sind Führungskräfte freier als ihre Mitarbeiter?
Manchmal im Gegenteil. Das sollte jeder vor seinem
Aufstieg bedenken.

*Man kann in wahrer Freiheit leben*
*und doch nicht ungebunden sein.*

Johann Wolfgang von Goethe

Gibt es ein abhängigeres Wesen als den einfachen Angestellten? Seine Arbeit bricht über ihn herein wie ein Hagelschauer. Die Naturgewalt, der er ausgeliefert ist, heißt Chef. Um welchen Unsinn auch immer es sich handelt, der Wille des Chefs hat zu geschehen. Da werden »Kundenbindungsprogramme« angekurbelt, die auf Kunden wirken wie ein Platzregen aufs Picknick. Da werden »Sparprogramme« eingeführt, die das Geld zum Fenster rauswerfen und nur eines sparen: Gehirnschmalz. Und wenn es dem Chef beliebt, muss man einen Kongress, der höchst wichtig wäre, für ein Meeting, das höchst unwichtig ist, sausen lassen.

Mitarbeiter sind abhängig von ihrem Chef. Er bestimmt ihre Aufgaben, beurteilt ihre Arbeit, befördert und degradiert, heuert und feuert. Seine Freiheiten scheinen so groß und verlockend, dass es viele Mitarbeiter in dieselbe Richtung zieht: Sie wollen führen, statt nur geführt zu werden. Ist ein Chef nicht viel freier als seine Mitarbeiter? Ist er nicht Herr seiner eigenen Zeit, kassiert mehr Geld, residiert im Eckbüro, kutschiert einen Dienstwagen und bestimmt seine Arbeit selbst?

Aber auch Chefs haben Chefs. Der Abteilungsleiter wird vom Bezirksleiter kommandiert, der Bezirksleiter untersteht dem Geschäftsführer, und über allen thront der Eigentümer. Niemand ist ungebunden, wie Goethe sagt. Nicht einmal der Firmeneigentümer ist es – denn was wäre er ohne Mitarbeiter und Kunden?

Ich kenne Chefs, die wie Sklaven an der Kette ihrer Position hängen: Handy-Verfolgte, Mail-Verschüttete, Augenring-Kämpfer, Brülllust-Knaben, Oberboss-Fußabtreter, Beschwerde-Müllhalden. Die Verantwortung, die sie tragen, macht sie nicht frei – sie macht ihnen nur einen Buckel.

Ob eine Chefposition der Ausweg in die Freiheit oder der endgültige Eintritt in die Unfreiheit ist, hängt von Ihrer Einstellung ab. Tragen Sie gerne Verantwortung? Führen Sie gerne Menschen? Macht es Ihnen Spaß, strategisch zu denken, Probleme zu lösen und langfristige Ziele anzusteuern? Wer Chef wird, um sich zu verwirklichen, mehrt sein Glück, seine Freiheit und sogar seine Lebenserwartung; laut einer Studie des britische Epidemiologen Sir Michael Marmot werden leitende Angestellte im Schnitt 4,4 Jahre älter als ihre Mitarbeiter. Wer dagegen Chef wird, nur um Chef zu sein, für den kann das Chefbüro zum Gefängnis werden – erst verhaftet auf Bewährung, dann unfreiwillig entlassen, mangels Erfolg.

## Die ungelernten Führungskräfte

Führen kann (und muss) man lernen.
Doch diese Erkenntnis setzt sich nur langsam durch.

*Der Nachteil der Intelligenz besteht darin,*
*dass man ununterbrochen gezwungen ist,*
*dazuzulernen.*

George Bernard Shaw

Wer in Deutschland ein Auto mit 100 PS führen will, braucht einen Führerschein. Wer aber 100 Mitarbeiter führen will, braucht nur: 100 Mitarbeiter. Die meisten Chefs kommen als ungelernte Führungskräfte ins Amt. Zwar haben sie häufig Betriebswirtschaft, Ingenieurswissenschaften oder Jura studiert – aber niemand hat ihnen das Führen beigebracht.

Jeder Bäcker muss sein Handwerk drei Jahre lernen. Warum dulden Unternehmen Führungs-Hilfsarbeiter an ihrer Spitze? Ich kenne Dutzende von »Führungskräften«, die tagelang an Strategie-Luftblasen basteln, in überflüssigen Meetings sitzen und für Kundenbesuche um den Globus jetten. Aber jedes Mal, wenn ein Mitarbeiter sie sprechen will, halten sie ihren Terminkalender wie einen Schutzschild vor sich: »Keine Zeit.« Ein Manager hat sich um Wichtigeres zu kümmern als um Mitarbeiter!

Wie viele Führungskräfte lassen Jahresgespräche ausfallen, Ideen der Mitarbeiter auflaufen und verletzen sogar die einfachsten Grundsätze der Führung: Sie kritisieren vor der Gruppe und loben unter vier Augen, statt umgekehrt. Wie viele schwingen selber lange Reden, statt ihren Mitarbeitern zuzuhören. Wie viele fallen über ihre Mitarbeiter her, wenn ein Projekttermin »in letzter

Sekunde« platzt, statt sich zu fragen: »Was läuft falsch bei meiner Führung, dass ich es nicht früher erfahren habe?«

Eine Führungskraft heißt Führungskraft, weil sie Menschen führen, Ziele definieren und für ein produktives Arbeitsklima sorgen soll. Führung ist ein Handwerk, also erlernbar. Was wir brauchen, sind fundierte Ausbildungsgänge, nicht nur Wochenend-Seminare. Warum schlagen sich BWL-Studenten semesterlang mit veralteten Wirtschaftstheorien herum, statt mehr über Führung zu erfahren? Warum gibt es keinen Master in »Menschenführung«? Warum rufen die Firmen – auch mittelständische im Verbund – keine ernst zu nehmenden Führungsakademien ins Leben?

Aber auch die Führungskräfte selbst können viel tun. Indem sie sich nicht als Meister, sondern als Lehrlinge betrachten. Indem sie, wie George Bernard Shaw sagt, »ununterbrochen dazulernen«. Indem sie sich bei allen Fehlern ihrer Untergebenen nach dem eigenen Anteil fragen. Und indem sie wichtige Entscheidungen mit ihren Mitarbeitern abstimmen – statt Alleingänge als Cheflemminge zu unternehmen.

## Das Ende des Kopfnickens

Loyale Mitarbeiter erkennt man daran,
dass sie ihrem Chef auch mal widersprechen –
statt nur zu nicken.

*Ich bin dankbar für schärfste Kritik,*
*wenn sie nur sachlich bleibt.*

Otto von Bismarck

Wer eine Führungskraft fragt, was sie von ihren Mitarbeitern
erwarte, hört immer wieder: »Loyalität!« So wie sich die Truppen hinter einem General formieren, so sollen die Mitarbeiter
ihrer Führungskraft dienen. Aber wer gilt als loyal? Der Nibe-
lungentreue, der das Wort des Chefs als Bibelwort nimmt, es
bedingungslos umsetzt und als frohe Botschaft verbreitet. Wer
bei Sitzungen den Standpunkt seines Vorgesetzten bejubelt und
im Vier-Augen-Gespräch vor Ehrfurcht zerfließt, der besteht
den Loyalitäts-TÜV. Belohnt wird er in der gängigen Währung:
mit Gehaltserhöhungen, mit Beförderungen, mit Stellvertreter-
posten. Auf diese Weise züchten sich Manager einen Hofstaat
heran.

Und wer gilt als illoyal? Mitarbeiter, die ihre eigene Meinung
auch dann äußern, wenn sie von der des Chefs abweicht. Diejenigen, die dreist genug sind, eine Schnapsidee auch Schnapsidee zu
nennen. Scharfe Kritik, wie Bismarck sie wünschte, ist für viele
Chefs zum Tabu geworden. Dabei kommt es gar nicht darauf an,
ob ein Mitarbeiter unter vier Augen kritisiert (wie es richtig ist)
oder in großer Runde (was sich nicht gehört) – der Widerspruch
an sich gilt als Majestätsbeleidigung.

Aber worin besteht die wahre Loyalität eines Mitarbeiters? Darin, den Chef in seinem Kurs zu bestärken, auch wenn er auf einen Abgrund zurast? Zur Loyalität gehört die Einsicht: Der Kopf ist nicht zum Nicken, sondern zum Denken da! Ein loyaler Mitarbeiter wird seinen Chef im Vier-Augen-Gespräch immer auf Risiken, auf Fehler, auf Schwierigkeiten hinweisen.

Die meisten Vorgesetzten scheitern nicht daran, dass sie zu oft von ihren Mitarbeitern kritisiert werden, sondern daran, dass sie vor lauter Hofmalern in ihrem Umfeld das Bild der Realität nicht mehr erkennen; Psychologen sprechen von der »Geschäftsführerkrankheit«. Der Chef trägt eine rosarote Brille, weshalb er Probleme erst dann sieht, wenn sie ihre hässlichen Spuren in den Geschäftszahlen hinterlassen.

Selbstbewusste Chefs verlangen von ihren Mitarbeitern kritische Rückmeldungen. Sie werten die Tatsache, dass Mitarbeiter mit Kritik auf sie zukommen, als Vertrauensbeweis. Und kritische Gedanken nehmen sie als wichtige Denkanstöße auf, statt sie als Quertreiberei abzutun.

Angenehmer Nebeneffekt: Wer auf seine Kritiker hört, bekommt kompetenten Rat gratis – und kann sich oft teure Unternehmensberater sparen.

## Das geteilte Lob

Gute Chefs nehmen Kritik auf ihre Kappe und geben Lob an Mitarbeiter weiter – schlechte machen es umgekehrt.

*Der junge Alexander eroberte Indien. Er allein?*
*Cäsar schlug die Gallier. Hatte er nicht wenigstens*
*einen Koch bei sich?*

*Bertolt Brecht*

Wer hat die bahnbrechende Innovation eingeführt? »Ich«, sagt der Abteilungsleiter. Wer hat das komplizierte Projekt geschaukelt? »Ich!« Wer hat vom Kunden höchstes Lob gehört? »Ich!« Chefs neigen dazu, sich die Erfolge ihres Bereichs wie Orden anzuheften. Alle Leistungen, die herausstechen, alle Ideen, die einschlagen, alle Projekte, die durchstarten, versehen sie flugs mit ihrem Namen. Da kann ein ganzes Team über Monate geschuftet, da kann ein einzelner Mitarbeiter den Einfall seines Lebens gehabt haben – der Chef tritt allein auf die Bühne, kassiert den Applaus und gerne auch die Prämie. Viele Vorgesetzte versäumen es, den Beitrag ihrer Mitarbeiter auch nur mit einem Wort zu erwähnen – so wie Alexander der Große und Cäsar Siege unter ihrem Namen verbuchten, ohne die Truppen oder gar den Koch zu würdigen (was Brecht in seinem Gedicht beklagt).

Solche Spielchen im Ego-Land, solche dreisten Adoptionsmanöver, die Mitarbeitern ihre Erfolge entreißen, wirken sich auf die Motivation aus wie ein Einbruch auf die Schmuckschatulle. Um ihre Leistung betrogen, ihrer Ehre beraubt, so kommen die Mitarbeiter sich vor.

Erst recht, wenn der Chef sich kurz darauf plötzlich an ihre Namen erinnert – beim ersten Fehler. Wer hat den Termin verfehlt? »Das Team!« Wer hat den Großkunden vergrault? »Frau Schreiber, die Kundenbetreuerin!« Wer hat in der Bilanz gepfuscht? »Herr Wolf, der Buchhalter!« Derselbe Chef, der sich mit den Erfolgen seiner Mitarbeiter schmückt, schiebt die Verantwortung für Misserfolge öffentlich auf sie. Solche Fehlleistungen will er nicht mit seinem Namen verbunden wissen. Wird der Krieg gewonnen, war's der Feldherr. Geht der Krieg verloren, war er nicht dabei.

Eine solche Führung ist feige und egoistisch. Bald werden die Mitarbeiter zur einzigen Notwehr greifen, die ihnen bleibt: immer weniger Erfolge erzielen, damit ihnen immer weniger gestohlen werden kann.

Was tut ein Vorgesetzter, der seinen Namen verdient hat? Er sagt »wir«, wenn er über Erfolge spricht, nennt die Namen von Mitarbeitern und erkennt Leistungen an. Und für Fehler, egal wie schwer, übernimmt er die Verantwortung und stellt sich vor seine Mitarbeiter. Wer so führt, erzeugt ein Wir-Gefühl, eine hohe Identifikation. Für so einen Chef gehen Mitarbeiter durchs Feuer – statt nur in die innere Emigration.

## Manager auf Durchreise

Wir brauchen Manager, die sich mit ihren Unternehmen identifizieren und für viele Jahre bleiben – nicht nur Durchreisende.

*Jeder dumme Junge kann einen Käfer zertreten.*
*Aber alle Professoren der Welt können keinen herstellen.*

Arthur Schopenhauer

Wieder einmal hatte sich der Konzern von einem Vorstandsvorsitzenden getrennt. Zum dritten Mal in fünf Jahren wurde ein neuer Oberchef angekündigt. Der Kandidat betrat Neuland, kam aus einer anderen Firma. Die Mitarbeiter schlossen Wetten ab: Bleibt er ein Jahr? Oder schafft er sogar zwei?

Die Halbwertzeit von Topmanagern nimmt ab, sie wechseln ihre Arbeitgeber wie ein Schiff die Häfen. Als Fremde kommen sie an, und als Fremde reisen sie ab. Jeder Pförtner kennt die Firma besser als sie.

Aber wer einen Firmendampfer lenken will, muss vorher wissen: Wie funktioniert das Schiff? Welche Räder greifen im Maschinenraum ineinander? Was haben die Mitarbeiter oben im Ausguck zu melden? In welchem Gewässer, sprich Markt, bewegen wir uns? Und vor allem: Wo kommen wir her? Jede Firma hat ihre eigene Kultur, ihre eigene Geschichte. Wer ein Unternehmen erfolgreich steuern will, muss dessen Geschichte kennen, verstehen, verinnerlichen.

Doch Kurzstrecken-Manager wollen nichts über ihre Firma lernen, sondern diese belehren. Sie erfinden das Rad neu, statt das, was schon läuft, schneller zu machen. Sie fällen Entscheidungen, die nicht zur Firmenkultur passen. Gut sind sie nur im Staubaufwirbeln. Mit großem Lärm kündigen sie unrentable Projekte und unrealistische Termine an. Die Börse jubelt, die Mitarbeiter verzweifeln, und die Kurzstrecken-Manager ahnen schon: Wenn das Schiff, das sie gegen den Eisberg steuern, zu sinken beginnt, sind sie längst wieder von Bord. Natürlich mit goldenem Handschlag.

Der (Image-)Schaden, den sie hinterlassen, ist – mit Schopenhauer gesprochen – oft so irreparabel wie ein zertretener Käfer. Was können Firmen tun, um für ein nachhaltigeres Management zu sorgen? Einfachste Maßnahme: nicht nur »Erlöser von außen«, sondern auch langjährige Mitarbeiter an die Spitze berufen. Mitarbeiter, die sich bewährt haben, die dem Unternehmen verbunden sind und die wissen, wie es tickt; Mitarbeiter, die bei ihren Entscheidungen nicht nur die nächsten Quartalszahlen, sondern die nächste Generation im Blick haben.

## Bauch schlägt Kopf

Die erfolgreichsten Manager entscheiden oft
aus dem Bauch heraus. Wer nur auf seinen Kopf hört,
produziert Mittelmaß.

*Das teuerste im Unternehmen sind Leute,*
*die falsche Entscheidungen treffen.*

Claus Henninger

In welche Richtung ein Unternehmen gehen soll, das muss ein Manager immer wieder entscheiden. Ein neues Produkt entwickeln oder ein altes verbessern? Spezialisierter oder generalisierter am Markt auftreten? Die Strategie des Wettbewerbers kopieren oder eher meiden? Den eingeschlagenen Weg als Zukunftsweg weiterverfolgen? Oder eine radikale Kehrtwende vollziehen?

Daran, dass er öfter richtig als falsch entscheidet, erkennt man einen guten Manager. Denn nichts kommt ein Unternehmen so teuer zu stehen wie »Leute, die falsche Entscheidungen treffen« (so der Journalist Claus Henninger). Einem guten Manager ist klar, dass die Rezepte der Vergangenheit keine Rezepte für die Zukunft sind, dass es ständige Innovationen braucht, um ein Unternehmen an der Spitze zu halten oder dorthin zu bringen.

Wie sieht er aus, der Managertyp, der die Weichen richtig stellt? Ist er ein Intellektueller, der das Für und Wider aufs Gramm genau abwägt, lange Gespräche mit klugen Köpfen sucht und erst entscheidet, wenn drei Kommissionen grünes Licht gegeben haben? Nein, ein vorzüglicher Manager ist oft das Gegenteil eines Intellektuellen: Er agiert nicht zögerlich, sondern zupackend, hört nicht allein auf seinen Kopf, sondern auch auf seinen Bauch. Und statt den Fakten hinterherzulaufen, statt sie nur zu analysieren und auszuwerten, läuft er ihnen voraus.

Die gründlich abgewogenen, vollkommen durchdachten, logischen Entscheidungen haben einen Nachteil: Jeder, der eins und eins zusammenzählen kann, kommt darauf. Auch die Wettbewerber. Ginge es nur darum, aus Fakten die richtigen Schlüsse zu ziehen – ein Computerprogramm könnte alle Manager dieser Erde ersetzen. Aber es geht um viel mehr! Dass sie kreativ sind, dass sie gegen den Strom des Marktes schwimmen, dass sie Entwicklungen wittern, ehe sie sich faktisch belegen lassen – gerade das macht exzellente Manager aus. Sie haben einen Riecher für die Zukunft. Sie reißen das Ruder nicht erst herum, wenn ihr Boot schon in schwerer See ist, sondern beugen solchen Notlagen durch vorausschauende Kursentscheidungen vor.

Was wir aber nicht brauchen, sind kopflose Manager, Maulhelden, Denkinvalide (davon gibt es schon genug!), sondern intelligente Köpfe, die ebenso ihrem Gespür vertrauen. Gute Entscheidungen sind eine Kunst. Sie sichern die Zukunft eines Unternehmens.

## Ein Chef schießt keine Tore

Gute Führungskräfte sorgen dafür, dass ihr Bereich auch ohne sie funktioniert – schlechte wollen die Tore selber schießen.

*Kein Mensch ist so beschäftigt, dass er nicht die Zeit hat, überall zu erzählen, wie beschäftigt er ist.*

*Robert Lembke*

Ein Manager zum anderen: »Gestern komme ich aus dem Urlaub zurück, und stell dir vor: Alle meine Mails – beantwortet von meiner Assistentin. Alle meine Entscheidungen – gefällt von meinem Stellvertreter. Alle meine Projekte – vorangetrieben von meinen Mitarbeitern.« Der Managerkollege nickt: »Hut ab, du hast deinen Laden gut organisiert!« Wie realistisch, finden Sie, klingt dieser Dialog?

In Wirklichkeit hätte der Manager wohl erzählt: »Erster Arbeitstag nach dem Urlaub. Meine Unterschriftsmappe so voll, dass sie fast platzt. 2000 Mails verstopfen mein Outlook. Drei Mitarbeiter stürmen mir hilferufend entgegen – ihre Projekte stecken fest.« Ein Schiff in Seenot – doch er, der Kapitän, bringt es wieder auf Kurs. Und der Managerkollege hätte geantwortet: »Das kenn ich. Wenn ich weg bin, geht gar nichts. Nach meinem Urlaub waren es sogar 2500 Mails!«

Die meisten Führungskräfte halten sich für die Götter im Firmenhimmel. Sie rühmen sich mit ihren Überstunden, ihrer Mailflut, ihrer Unentbehrlichkeit. Auf jedem Seminar lassen sie ihr Handy an, als wäre es ein Babyphone für unmündige Mitarbeiter. Ihre Abwesenheit stellen sie als Super-GAU dar: Fehlentscheidungen würden sich ausbreiten, Chaos das Zepter schwingen, Mitarbeiter auf den Tischen tanzen. Und natürlich tragen sie ihre Überstunden wie eine Monstranz vor sich her, ohne jemals – frei nach Robert Lembke – so beschäftigt zu sein, dass sie nicht noch über ihre hohe Auslastung klagen könnten.

Ich befürchte allerdings: Was ein Chef taugt, fällt gerade in seiner Abwesenheit auf. Laufen die Geschäfte reibungslos weiter? Reichen das Wissen, die Kompetenz und das empfundene Vertrauen der Mitarbeiter, um selbst zu entscheiden? Kennen sie die große Zielrichtung? Wenn ja, dann hat ein Manager seinen Job verstanden. Er befähigt seine Mitarbeiter, statt sich selbst für den einzigen Fähigen zu halten. Er delegiert, statt sich einzumischen. Er kümmert sich nur ums Wichtigste, statt sich nur wichtig zu machen.

Ein guter Chef ist wie ein Fußballtrainer: Er steht am Rand des Spielfelds. Er trainiert sein Team und stellt es auf. Doch die Tore schießt er nicht selbst, das überlässt er seiner Mannschaft. Und wenn er doch aufs Spielfeld rennt? Dann macht er sich lächerlich. Denn vom Tagesgeschäft verstehen seine Mitarbeiter mehr als er.

## Die Saat des Misstrauens

Wer seinen Mitarbeitern misstraut,
züchtet Gegenarbeiter heran. Nur Vertrauen
macht Mitarbeiter zu Mit-Unternehmern.

*Wer nicht genug vertraut, dem vertraut man nicht.*

Laotse

Wer nach Hinweisen sucht, ob es eine Zwei-Klassen-Gesellschaft in deutschen Firmen gibt, wird schon in der Eingangshalle fündig: bei der Stempeluhr. Die einfachen Mitarbeiter stehen in Reih und Glied; sie müssen sich einstempeln. Die Führungskräfte genießen Vertrauensarbeitszeit; sie spazieren an der Stempelmaschine vorbei.

Schon mal überlegt, wie das Gegenteil von »Vertrauensarbeitszeit« heißt? Misstrauensarbeitszeit! Welches Signal sendet eine Firma durch eine Selektion an der Stempeluhr? Will sie ihren Mitarbeitern ohne Führungsverantwortung signalisieren, dass sie nur Menschen zweiter Klasse sind, potenzielle Arbeitszeit-Trickbetrüger, Faulpelze, die nur durch Kontrolle an der vorzeitigen Flucht in den Feierabend zu hindern sind? In einer gesunden Firmenkultur gibt es zwei Möglichkeiten: Entweder stempeln alle. Oder keiner. Wenn eine Firma aber nur die Führungskräfte als Mitarbeiter und die Nicht-Führungskräfte als Gegenarbeiter behandelt, dann wird sie auch Gegenarbeiter bekommen.

Zumal die Kontrollwut noch viel weiter geht. Ein Discounter verfolgt seine Mitarbeiter durch versteckte Kameras bis aufs Klo. Ein Mittelständler lässt krank gemeldete Mitarbeiter von einem Privatdetektiv ausschnüffeln. Ein Personaler vertraut bei den

Dienstreise-Kilometern dem Routenplaner mehr als den Mitarbeitern.

Schandtaten traut man den Mitarbeitern zu, Arbeitsleistungen weniger. Vorgesetzte erklären jeden Vorgang, der komplizierter ist als das Hochfahren eines Computers, zur »Chefsache« – während sie gestapelte Langeweile delegieren. Wichtige Dokumente lassen sie sich vorlegen, in Kundengespräche mischen sie sich ein. Kontrolle auf Schritt und Tritt.

Am Ende werden die Mitarbeiter der Rolle, die man ihnen zuschreibt, immer ähnlicher. Frei nach Laotse: Wer seinen Mitarbeitern misstraut, dem wird misstraut. Wenn die Mitarbeiter merken, dass eine Anweisung von oben der Firma schadet, verzichten sie auf eine Rückmeldung und führen den Unsinn mit einem Grinsen aus: »Die werden schon sehen, was sie davon haben!« Sie stehen nicht hinter den Entscheidungen des Managements, sondern sabotieren sie. Und wenn sich ihnen eine Gelegenheit bietet, ihre Arbeitszeit doch zu verkürzen, etwa bei Dienstreisen, dann ergreifen sie sie – angeklagt und heimlich verurteilt sind sie ja ohnehin!

Über solche »demotivierten« Mitarbeiter weinen sich Vorgesetzte in Führungsseminaren aus. Dabei ernten sie nur, was sie selber ausgebracht haben – durch ihre Saat des Misstrauens.

## Der verhinderte Abschied

Ein Mitarbeiter, der kündigen will, hat nichts mehr
zu verlieren. Das (letzte) Gespräch mit ihm
kann wichtige Erkenntnisse und überraschende
Wendungen bringen.

*Abschiedsworte müssen kurz sein wie eine*
*Liebeserklärung.*

Theodor Fontane

Was muss ein Mitarbeiter tun, um seinen Vorgesetzten tödlich
zu beleidigen? Er muss kündigen! Die meisten Chefs reagieren
darauf, als würden sie überraschend von ihrer großen Liebe verlassen. Sie sind verblüfft. Gekränkt. Und wütend! Eine Lieblings-
antwort lautet: »Reisende soll man nicht aufhalten.« Dieses
Abschiedswort ist kurz, wie von Theodor Fontane gewünscht –
aber mit einer Liebeserklärung hat es nichts gemein!

Warum sollte ein guter Vorgesetzter tatenlos zusehen, wie ihn
ein Leistungsträger verlässt? Warum sollte er Wissen, Erfahrung
und Kontakte, die über Jahre aufgebaut wurden, wie ein Verkehrs-
polizist durchwinken – statt sich freundlich in den Weg zu stellen
und ein gründliches Gespräch zu suchen?

Eine einzige Frage kann ungeheuer aufschlussreich sein: »Was
hätten wir Ihnen bieten müssen, um für Sie auf längere Sicht der
richtige Arbeitgeber zu bleiben?« Dieses Nachhaken zielt in eine
positive Richtung. Der Mitarbeiter kann Wünsche aussprechen,
statt nur Mängel anzuklagen. Wer – wenn nicht ein Mensch mit
der Kündigung in der Hand – sollte einem Vorgesetzten jemals die
Wahrheit darüber sagen, was in seinem Bereich noch zu verbes-

sern ist? Ein solches Gespräch kann für mehr Geistesblitze sorgen als zehn Standard-Mitarbeitergespräche.

Und nicht nur das: In vielen Fällen stellt sich heraus, dass der Mitarbeiter unter bestimmten Voraussetzungen bliebe. Meist ist es deutlich effektiver, einen bekannten und bewährten Mitarbeiter zu halten, als einen unbekannten und unerprobten in einem langwierigen und teuren Bewerbungsverfahren, noch dazu mit ungewissem Ausgang, einzustellen.

Umgekehrt gilt für Mitarbeiter, die kündigen wollen: Sie sollten vorher überlegen, unter welchen Bedingungen Sie in ihrer alten Firma bleiben würden. Welche Verbesserungen wären nötig? Welche Aufgabe wäre reizvoll? Welchen Gehalts- oder Karrieresprung stellen sie sich vor? Führen Sie eine solche »Bleibeverhandlung«, ehe Sie das Vertragsangebot der anderen Firma unterschreiben, nach dem Motto: »Ich habe da ein wirklich verlockendes Angebot, möchte aus Loyalität aber erst einmal mit Ihnen sprechen …« Dann hat Ihre Reise noch nicht begonnen, und Ihr Vorgesetzter fühlt sich als Partner angesprochen, statt in den Trotzmodus zu schalten.

Kurz müssen Abschiedsworte nicht sein – wohlüberlegt immer!

## Wenn Willkür führt

Mitarbeiter wollen Führungskräfte, auf die sie sich
verlassen können. Wer willkürlich entscheidet,
verprellt sein Team.

*Macht ist in dem Maße schlimm,*
*wie sie unkontrollierbar ist, egal, wer sie ausübt.*

Martin Walser

»Alle Arbeitsplätze sind sicher«, hatte die Geschäftsleitung des Zulieferers verkündet – vier Monate später spülte eine Entlassungs-
welle 200 Arbeitsplätze weg. »Wir konzentrieren uns aufs Inlands-
geschäft«, versicherte der mittelständische Unternehmer – ein Jahr
später expandierte die Firma nach Osteuropa. »Ich wünsche mir
mehr offene Rückmeldungen«, hatte der Abteilungsleiter eines
Elektronikkonzerns behauptet. Drei Wochen danach degradierte
er seinen eigenen Stellvertreter, der ihn kritisiert hatte – und sich
damit angeblich »illoyal« gezeigt hatte.

Es gibt zwei Währungen, mit denen eine Führungskraft gegenüber ihren Mitarbeitern handelt: Wort und Tat. Je länger ein
Führungswort gilt, je mehr es sich mit den Taten deckt, desto
größer das Vertrauen der Geführten. Denn im selben Maße, wie
Menschen – laut Martin Walser – eine unkontrollierbare Macht
als schlimm empfinden, schätzen Mitarbeiter einen berechenba-
ren Kurs.

Doch diese Kontinuität geht im Zeitalter der Globalisierung
verloren. Viele Chefdarsteller sehen den Aktionismus, das Staubaufwirbeln, das hektische Kurswechseln als ihren Existenzbeweis.
Sie wenden ihre Hälse so schnell, dass die Gedanken nicht mit-

kommen. Die Wirkung ist fatal: Wenn die Führenden herumirren wie beim Blinde-Kuh-Spiel, heute in diese, morgen in jene Richtung, dann wird den Mitarbeitern schwindlig. Sie drehen sich im Kreis, treten auf der Stelle, verlieren den Orientierungssinn und letztlich auch den Respekt vor solchen Vorgesetzten.

Aber muss eine Firma heute nicht flexibel sein und blitzschnell auf Entwicklungen des Marktes reagieren? Nein, es kommt nicht auf Kurswechsel mit quietschenden Reifen an, sondern darauf, den Kurs mit Weitblick festzulegen. Ziele müssen über den Tag hinaus gelten und für Mitarbeiter eine berechenbare Größe sein.

Die Führungskraft gleicht dem Fahrgast im Taxi: Sie lässt sich fahren, am Steuer sitzen Mitarbeiter. Doch sie gibt an, wohin es gehen soll. Wenn die Grundrichtung stimmt, ist es kein Problem, sich in den Nachbarstadtteil fahren zu lassen – zum Beispiel nach Ungarn statt nach Russland zu expandieren. Doch wer in den Norden aufbricht (»offene Rückmeldungen«), aber dann plötzlich in den Süden will (»blinder Gehorsam«) – der verunsichert seine Mitarbeiter, nimmt seinem Wort die Glaubwürdigkeit und erreicht am Ende keines seiner Ziele.

Willkür führt zu nichts – nur in die Sackgasse.

# 10. Personalauswahl:
# Gutes Händchen für Menschen

## Mehr riskieren beim Einstellen!

Personalauswahl kann Fehler vermeiden (wollen) –
dann züchtet sie Mittelmaß. Oder sie kann Fehler
riskieren – dann besteht die Chance auf Exzellenz.

*Mittelmäßigkeit ist von allen Gegnern der schlimmste.*
*Johann Wolfgang von Goethe*

Ein großes Menschheitsrätsel ist noch immer ungelöst: Wie funktioniert die Personalauswahl in Deutschland? Knappe Antwort: Gar nicht! Schon das Wort ist verräterisch: Firmen meinen, sie könnten »Personal« auswählen. Doch sie stellen Menschen ein. Das ist ein großer Unterschied. Wer »Personal« auswählt, fragt sich nur: Passt der Bewerber zur vakanten Stelle, so wie ein Schraubenschlüssel zur Schraube? Doch wenn die Aufgabe sich verändert, passt der Schlüssel schon nicht mehr!

Ein ganzer Mensch besteht aus seinem Charakter, seiner Fantasie, seinem Mut, seinem Entwicklungspotenzial. Ein ganzer Mensch darf schwach sein, darf irren, zweifeln, sich korrigieren. Bewerber dürfen all das nicht! Die Personalauswahl sucht nach einem Roboter, der zu funktionieren verspricht – nach der risikoärmsten und damit mittelmäßigsten Lösung. Obwohl doch Mittelmäßigkeit, wie Goethe schrieb, von allen Gegnern der schlimmste ist!

Wer sein Studium in vier Jahren abgeschlossen hat, drei Fremdsprachen beherrscht, Praktika bei renommierten Firmen vorweisen kann und seine Position über mindestens drei Jahre ausgeübt hat, der gilt als Idealbewerber – obwohl er vielleicht nur ein Ideal-Anpasser, ein stinklangweiliger Typ ist. Mit einem solchen Kandidaten, denken Personaler, kann man nichts falsch machen.

Und genau das ist der Fehler! Wer bei der Personalauswahl lediglich Fehlgriffe vermeiden will, übersieht die Außergewöhnlichen. Wenn ein Bewerber Ecken und Kanten zeigt, Lücken im Lebenslauf, eine holprige Biographie, wird er mit spitzer Hand aussortiert. Da hätte es der ehemalige Autonome und Taxifahrer Joschka Fischer nicht mal zum Portier des Außenamtes gebracht.

Gerade ein Lebenslauf mit Umwegen, gerade jemand, der nicht mit dem Strom schwimmt, kann neuen Wind in ein Unternehmen bringen. Seine ungewöhnlichen Erfahrungen haben seinen Horizont erweitert. Seinen Kopf gebraucht er nicht nur zum Nicken. Und seine Leistungen gehen über Anpassungsleistungen hinaus.

Gute Personaler suchen nach ganzen Menschen, auch unbequemen. Wer beim Einstellen nichts riskiert, riskiert zu viel – Mittelmaß.

## Die Stunde der Schauspieler

Das Assessment Center (AC) verspricht professionelle Personalauswahl. Doch oft werden nur die besten Schauspieler eingestellt.

*Ich bin nicht in der Lage, mein Auto zu reparieren. Obwohl ich Charaktere spiele, die das können.*

Kevin Costner

Ring frei zur ersten Runde! Das Assessment Center (AC) ist eröffnet, fünf Abgänger, die sich bei dem Konzern beworben haben, diskutieren über die Frage: »Wie wichtig sind Unternehmen für unsere Gesellschaft?« Der Erste bejubelt den Unternehmergeist als Triebfeder des menschlichen Fortschritts, nach dem Motto: Ohne handwerkliche Leistungen wären wir nie von den Bäumen runtergekommen. Mit dem Satz »Wie sehen Sie das, Frau Kleinert?« spielt er den Ball an seine Nachbarin weiter, deren Namen er sich brav gemerkt hat. Frau Kleinert hebt hervor, wie bedeutend ein erfülltes Arbeitsleben für das Selbstwertgefühl des Individuums sei. Der nächste Bewerber, ganz Musterschüler, fasst die Argumente seiner Vorredner zusammen und fügt dann einen weiteren Aspekt hinzu: »Durch ihre Gewerbesteuer sind Firmen auch für Kommunen lebenswichtig …«

Jedes AC ist ein Schauspiel. Die Kandidaten sagen, was von ihnen erwartet wird. Wie Kevin Costner vor der Kamera so tut, als könne er Autos reparieren, so tun die AC-Teilnehmer so, als brächten sie die gefragten Eigenschaften und Ansichten mit.

Niemand wäre dumm genug, in einer solchen Gruppendiskussion seine wahre Meinung zu äußern – selbst wenn er viele

Firmen für Schmarotzer hält, die Fördergelder einsacken, Steuer-schlupflöcher nutzen, die Umwelt in Geiselhaft nehmen und für noch mehr Gewinn Scharen von Mitarbeitern opfern.

Jeder Dauerredner reißt sich zusammen und gibt das Wort schnell weiter. Jeder Egoist geht fürsorglich auf seine Mitdiskutanten zu. Und jedes stille Wasser sprudelt beim Reden so eifrig wie ein geborener Redner.

Die Idee eines AC ist es, potenzielle Mitarbeiter oder Führungskräfte in einer realitätsnahen Situation zu beobachten, beispielsweise in der Gruppendiskussion oder bei einer Postkorb-übung, und daraus Schlüsse auf ihr Verhalten im Beruf zu ziehen.

Doch ich fürchte, im AC werden nicht die besten Mitarbeiter, sondern die besten Schauspieler entdeckt. Alle fressen Kreide, spielen Rollen. Die meisten AC werden zudem schlampig durchgeführt, oberflächlich ausgewertet und kranken an dem unheilbaren Mangel, dass die Anforderungen der zu besetzenden Stellen nur unscharf definiert sind.

Eine Personalauswahl mit gesundem Menschenverstand bringt mehr. Es sei denn, ein Theater sucht neue Schauspieler. Dann sei das AC dringend empfohlen. Vielleicht wird ein neuer Kevin Costner entdeckt.

## Personaler als Prügelknabe

Personalabteilungen haben einen schweren Stand –
dabei sind sie die Zukunftsschmieden der Firmen.

*Die Zukunft soll man nicht voraussehen wollen,
sondern möglich machen.*

Antoine de Saint-Exupéry

Die Personalabteilung wird von vielen Firmen verkannt – als Einwohnermeldeamt, das Mitarbeiter verwaltet; als Schreibbüro, das Bewerbungen sortiert; als Kellner, der den Fachchefs Bewerber serviert. In Broschüren jubelt man sie hoch, im Alltag hält man sie kurz. Manager sagen nach dem dritten Bier schon mal: »Die Personalabteilung verdient kein Geld, sie kostet nur welches. Eigentlich wissen die Fachabteilungen selbst am besten, was sie an Arbeitskräften und Fortbildungen brauchen.«

Die Geringschätzung geht so weit, dass Firmen ihre Personalabteilung auslagern: Weg damit! Würden dieselben Firmen ihre Entwicklungsabteilung auslagen? Niemals, die Entwicklung der Produkte ist ihnen viel zu wichtig. Doch Mitarbeiter entwickeln und auswählen? Belanglos genug, um diese Aufgabe Fremden zu überlassen! Statt die eigene Zukunft möglich zu machen, wie Antoine de Saint-Exupéry es fordert, wird sie ausgesperrt.

Aber auch dort, wo die Personalabteilungen noch zur Firma gehören, gilt deren Chef oft als Grüßaugust. Seine Etats sind winzig, und sein Einfluss ist nicht größer als der des Entwicklungshilfeministers im Bundeskabinett.

Doch wer die Produkte für wichtiger hält als die Mitarbeiter, übersieht eine Kleinigkeit: Von wem werden die Produkte entwickelt? Wessen Fähigkeiten entscheiden darüber, ob ein Kunde gewonnen oder vergrault, eine Chance am Markt genutzt oder vertan wird? Die Mitarbeiter! Noch nie in der Geschichte waren die Firmen so sehr auf qualifizierte Arbeitskräfte angewiesen wie heute – auf Menschen, die das Unternehmen nach außen verkörpern, die ihre Chefs an Fachwissen übertreffen, die jeden Arbeitstag als Lernchance nutzen und sich immer schneller auf neue Aufgaben einstellen. Solche Mitarbeiter sind Schätze, die sich nur durch professionelle Personalauswahl entdecken und heben, nur durch individuelle Personalentwicklung ergänzen und polieren lassen.

Wer der Meinung ist, diese Aufgabe könnten die Fachabteilungen selbst erledigen, der könnte auch den Personaler als perfekten Entwicklungsingenieur sehen. Professionelle Personalarbeit braucht Personal-Profis. Und diese brauchen eine Rückendeckung von ganz oben, die nicht nur aus Sonntagsreden besteht, sondern sich in Etats und in hausinternem Einfluss spiegelt.

Eine Firma, die ihre Personalabteilung auslagert, reißt sich das Herz aus dem Leib. Viel Spaß beim Ausbluten!

## Müller sucht Müllerchen

Schwache Führungskräfte neigen dazu,
noch schwächere Mitarbeiter einzustellen.

*Wer stark ist, kann sich erlauben, leise zu sprechen.*

Theodore Roosevelt

Warum hat Hermann Axen in der DDR Karriere gemacht? Der
Liedermacher Wolf Biermann liefert eine originelle Erklärung:
»Bei dem weiß man wenigstens genau, warum er Mitglied des
Politbüros wurde. Seine fantastische Hässlichkeit war immer sein
politisches Kapital. Bei Gruppenfotos der Führung hatte immer
Honecker das Privileg, links von ihm zu stehen. Denn jeder, der
neben Axen fotografiert wird, sieht aus wie ein Hollywoodheld.«

Nach diesem Prinzip, bezogen auf die Leistung, gehen schwache Führungskräfte bei der Personalauswahl vor: Wer Mitarbeiter
um sich schart, die nicht gerade helle sind, poliert sein eigenes
(trübes) Licht auf. Es sind die Stümper, die Pfuscher, die Nichtskönner, denen es damit zumindest gelingt, sich vor ungünstigen
Vergleichen zu schützen. Weil sie die Maßstäbe selbst festlegen.

Und so kommt es, dass Chef Müller lauter Müllerchen um
sich versammelt, Mitarbeiter, die ihm nicht das Wasser reichen
können. Am deutlichsten wird das bei seinem Stellvertreter. Der
muss fachlich so inkompetent sein, dass Müller daneben wie ein
Lexikon wirkt, und mindestens so begriffsstutzig, dass Müller glatt
als Ein-Mann-Denkfabrik durchgeht. Jeder, der es mit diesem
Stellvertreter zu tun bekommt, wird von der Sehnsucht nach Müller gepackt – so wie einer, der im Hagel steht, schon einen pras-
selnden Regen als Wetterbesserung empfindet.

Nur wer stark ist, sagt Roosevelt, kann sich erlauben, leise zu sprechen. Wer schwach ist, macht Lärm und umgibt sich mit noch Schwächeren. Ein Maßstab, der nach unten manipuliert wird, verschleiert die eigene Unfähigkeit. Die Zeche zahlen die Firmen und die abgewiesenen Bewerber. Ausgerechnet ein gelungener Auftritt im Vorstellungsgespräch, der Kompetenz verrät, schüchtert einen schwachbrüstigen Chef ein. Die Absage bekommt der Bewerber nicht, weil es ihm an den nötigen Qualitäten mangelt, sondern gerade weil er sie besitzt.

So entstehen Gurkentruppen: Ein Schwacher führt noch Schwächere. In jeder großen Firma gibt es solche Einheiten, die berüchtigt sind für ihre Inkompetenz. Warum sie oft über Jahre geduldet werden? Weil die anderen Teams es genießen, im Vergleich so gut dazustehen. Jedes Mal, wenn sie auf die Gurkentruppen schimpfen, werten sie sich selbst heimlich auf. Wer neben Hermann Axen steht, sieht einfach besser aus!

## Die Stärksten entscheiden

Wie gut ein Team ist, hängt nicht von den schwächsten,
sondern von den stärksten Mitgliedern ab.

*Das sind die Starken, die unter Tränen lachen,*
*eigene Sorgen verbergen*
*und andere glücklich machen.*

Franz Grillparzer

Wer wissen will, wie stark ein Team ist, hört als Antwort oft: Immer so stark wie sein schwächstes Mitglied! Diese Aussage verrät zweierlei: Hier plappert jemand nach, was er tausendmal gehört, aber niemals überprüft hat. Und der Blick ist wieder mal auf die Schwächen, die Schwachen, ja sogar den Schwächsten gerichtet.

Dabei ist das Gegenteil wahr! Nicht der Schwächste bestimmt, wie leistungsfähig ein Team ist, sondern der Stärkste! Prominente Beispiele belegen das. War das Bundeskabinett der SPD Mitte der 1970er Jahre nur so stark wie sein schwächstes Mitglied? Weiß überhaupt noch jemand, wie dieser Minister hieß? Ach was, die Qualität des Kabinetts wurde vom Stärksten, von Kanzler Helmut Schmidt bestimmt. War die argentinische Fußball-Nationalmannschaft bei der WM 1986 nur so stark wie ihr schwächster Spieler? Weiß überhaupt noch jemand, wie dieser Spieler hieß? Ach was, die Spielqualität des Teams wurde vom Stärksten, von Ballzauberer Diego Maradona bestimmt.

Die Starken bleiben in Erinnerung. Die Starken sind es, die ein Team in schwierigen Situationen mitreißen, auch emotional, weil sie als Vorbilder agieren und »unter Tränen lachen« können (wie Franz Grillparzer etwas pathetisch schreibt). Ein Chef, der sich auf die schwächsten Teammitglieder konzentriert, der ihre Schwächen beheben will, kämpft an der falschen Front. Wichtiger wäre es, die Leistungsträger zu würdigen, zu fördern und dafür zu sorgen, dass sie ihre schwachen Teamkollegen inspirieren, mitnehmen, stärker machen. Brillante Teammitglieder geben das Spielniveau vor, sie können die ganze Mannschaft zu Höchstleistungen anspornen, denn sie predigen Leistung nicht nur, sondern leben sie vor. Außerdem fordern sie die Schwächeren heraus, liefern anspruchsvolle Vorlagen: Wem dauernd Steilpässe serviert werden, der läuft mit der Zeit schneller.

Aber kann es nicht sein, dass die Schwächsten die Stärksten ausbremsen? Nein, es liegt in der Natur der Kräfteverhältnisse, dass die Starken ein Arbeitsteam oft mitreißen, die Schwachen es aber kaum aufhalten können. Wer ein Team zusammenstellt, scheitert selten an den schwächsten Mitgliedern, aber oft daran, dass ihm die Zugpferde fehlen. Was wäre die SPD ohne Schmidt, die argentinische Mannschaft ohne Maradona gewesen?

## Eine Stelle als Maßanzug

Arbeitsplatz-Beschreibungen sind nicht in Stein gemeißelt – man sollte sie den Stärken eines Mitarbeiters anpassen.

*Unkraut nennt man die Pflanzen,*
*deren Vorzüge noch nicht erkannt worden sind.*

Ralph Waldo Emerson

Was passiert, wenn ein Fußballtrainer seinen Torhüter als Mittelstürmer aufstellt, den Außenverteidiger ins Tor abkommandiert und den Platzwart im Mittelfeld auflaufen lässt? Der Mittelstürmer schießt vorbei. Der Torwart fängt Fliegen. Und der Platzwart steht bald mit Seitenstechen am Spielfeldrand. Fußballtrainer würden das nicht tun – sie setzen ihre Spieler nach ihren individuellen Stärken ein. Und dem Platzwart vertrauen sie den Rasen an, nicht den Ball.

Doch in Firmen werden die Aufgaben oft so vergeben, dass Mitarbeiter nicht tun, was sie am besten können, sondern was ihr Stellenprofil zufällig erfordert. Der Zuschnitt ihres Arbeitsplatzes ignoriert ihre persönlichen Qualitäten. Wenn ein Mitarbeiter seiner Aufgabe nicht gewachsen ist, denken Chefs fast nie über die Aufgabe nach – und fast immer über den Mitarbeiter, über seine Mängel, sein scheinbares Versagen.

Doch derselbe Mitarbeiter, der bei der Terminarbeit scheitert, weil er immer so gründlich ist – in der Qualitätssicherung wäre er eine Idealbesetzung. Dieselbe Mitarbeiterin, die als Fachkraft dauernd ihre Kompetenzen überschreitet, weil sie so unternehmerisch denkt – als Führungskraft könnte sie glänzen. Und derselbe Sturkopf, der im Kundenkontakt ungeschmeidig wie ein Kantholz ist – in schwierigen Verhandlungen mit Zulieferern wäre er ein Aktivposten.

Die Firmen formen die Menschen nach den Stellen, statt die Stellen nach den Menschen. Im ersteren Fall müssen sich die Mitarbeiter verbiegen. Im zweiten Fall schneidet die Firma eine Stelle wie einen Maßanzug auf die Qualitäten eines Mitarbeiters zu.

Moderne Führungskräfte wissen: Es gibt keine schlechten Mitarbeiter, wie es nach Ralph Waldo Emerson auch kein Unkraut gibt – es gibt nur Jobprofile, in denen Mitarbeiter ihre Qualitäten noch nicht ausspielen können. Nehmen Sie Franz Beckenbauer, der als Stürmer anfing. Erst ein neues Jobprofil, der moderne Libero, gab ihm Gelegenheit, seine Brillanz auszuspielen.

Für nahezu jeden Mitarbeiter gibt es einen passenden Arbeitsplatz-Zuschnitt. Führungskräfte müssen sich nur fragen: Wo liegen seine Stärken? Wie kann er sie zum Vorteil der Firma einbringen? Wie muss sein Arbeitsplatz verändert werden, damit er brillieren kann?

Kein Mitarbeiter, der ein vorzüglicher Torhüter wäre, sollte als schlechter Stürmer vom Platz gejagt werden.

## Der Fluch der Arbeitslosen

Viele Firmen scheuen vor Arbeitslosen zurück.
Das ist nicht nur unsozial, sondern auch dumm,
denn die Firmen schaden sich selbst.

*Der ärmste Mensch ist der,*
*der keine Beschäftigung hat.*

Albert Schweitzer

Der Fausthieb einer Entlassung kann heute jeden treffen. Was es bedeutet, arbeitslos zu sein, geht über die schlimmsten Fantasien hinaus, wie Studien belegen. Die Wahrscheinlichkeit einer Depression verzehnfacht sich. Von 100 Arbeitslosen haben 15 schon an Selbstmord gedacht. Und das empfundene Lebensglück sinkt beim Verlust des Arbeitsplatzes um ein Drittel mehr als beim Verlust eines Angehörigen.

Der Arbeitslose ist der ärmste Mensch, wie Albert Schweitzer sagte, auch weil ihn viele Firmen nur mit der Kneifzange anfassen. Der wahre Grund, warum qualifizierte Menschen arbeitslos bleiben, ist, dass sie arbeitslos sind. Meist schon längere Zeit. Wie kommen Firmen dazu, lieber Mitarbeiter von anderen Firmen abzuwerben oder Arbeitsplätze unbesetzt zu lassen, als Arbeitslose an Bord zu holen?

Antwort eins: Wer arbeitslos ist, hat mit dem Verdacht zu kämpfen, er sei es aufgrund eigenen Versagens. Aber welche Firma kann von sich behaupten, noch nie einen guten Mitarbeiter vor die Tür gesetzt zu haben, etwa im Zuge betriebsbedingter Kündigungen? Arbeitslosigkeit kann Menschen mit derselben Willkür treffen wie ein Blitz.

Antwort zwei: Die Firmen fürchten, dass ein Arbeitsloser nach jedem Job wie nach einem Rettungsring greift – auch wenn die Arbeit gar nicht zu ihm passt. Aber besteht eine professionelle Personalauswahl nicht darin, die Motivation und Qualifikation des Bewerbers sauber abzuklopfen? Warum sollte das bei Arbeitslosen nicht funktionieren?

Die dritte Antwort: Wer arbeitslos ist, trägt eine Last auf den Schultern, die er im Vorstellungsgespräch nur schwer abschütteln kann. Angespannter, trauriger, weniger gewinnend als andere Bewerber kann er wirken. Aber nur, weil er mit denen verglichen wird, deren Rücken durch einen aktuellen Arbeitsplatz gestärkt ist.

Ein Gedankenspiel hilft weiter. Der Arbeitslose malt sich schon Tage vor dem Bewerbungsgespräch aus, er hätte einen erstklassigen Job und sollte abgeworben werden. Je öfter er das denkt, desto mehr färbt es auf sein Verhalten ab: Er wirkt selbstbewusster, lockerer und anspruchsvoller.

Diese Strategie hilft aber nur, sofern er überhaupt ins Vorstellungsgespräch kommt. Die Firmen müssen eine neue Disziplin lernen: Fairness gegenüber Arbeitslosen. Auch im eigenen Interesse, denn es sind vorzügliche Arbeitskräfte unter ihnen. Wer ihnen die Zukunft verbaut, schadet sich selbst.

## Ehrlichkeit ist Trumpf

Wie wäre es, im Vorstellungsgespräch auf Fang-
und Stressfragen zu verzichten?
Ein ehrliches Gespräch bringt oft mehr.

*Die einzige Art, gegen die Pest zu kämpfen,*
*ist die Ehrlichkeit.*

*Albert Camus*

Der Personalchef fragt mit Unschuldsmiene: »Mal angenommen,
Sie wären der Geschäftsführer Ihrer jetzigen Firma – welche Veränderungen würden Sie an seiner Stelle anschieben?« Was er nicht
fragt, aber heimlich doch gefragt hat, ist etwas anderes: »Sind Sie
mit Ihrer jetzigen Firma zufrieden, oder sollen wir als neuer Arbeitgeber nur eine Fluchtburg sein?« Und: »Neigen Sie zur Quertreiberei, oder unterstützen Sie einen Kurs, der von oben vorgegeben
wird?«

Eine andere Lieblingsfrage im Vorstellungsgespräch: »Wo sehen Sie sich in fünf Jahren?« Gemeint ist: »Verraten Sie uns, ob die
vakante Position tatsächlich reizvoll für Sie ist oder ob sie nur ein
Sprungbrett sein soll.« Ebenso möchte der direkte Vorgesetzte erfahren: »Werden Sie an meinem Stuhl sägen?« Oder der Bewerber
wird scheinheilig gefragt: »In welchen Bereichen könnten wir Sie
durch Fortbildungen am meisten unterstützen?« Gemeint ist: »Legen Sie Ihre Schwächen offen!« Wer auf diese Frage ehrlich und
ausführlich antwortet, wirft sich selbst aus dem Rennen.

Ähnlich heimtückisch sind projektive Fragen: »Was hätten
Ihre Kollegen wohl an der Betriebskultur Ihrer aktuellen Firma zu
kritisieren?« Man hofft, dass der Bewerber seine eigene Kritik nun

in fremde Münder legt. Und jedes kritische Wort fällt ihm selbst auf die Füße!

Ich frage mich, ob dieses Schattenboxen wirklich sein muss. Was wäre eigentlich verkehrt daran, wenn ein Personaler ganz direkt fragte: »In welchen Punkten gehen Sie mit Ihrem Geschäftsführer konform? Und was sehen Sie anders?« Denn was bringen abgewetzte Standardfragen? Nichts als abgewetzte Standardantworten, die aus (oft schlechten) Bewerbungsratgebern nachgeplappert werden. Unechte Fragen beschwören unechte Antworten herauf. Ein Trauerspiel für Firmen und Bewerber.

Ich kenne mittelständische Unternehmen, deren Inhaber sich bei Einstellungsgesprächen von ihrem gesunden Menschenverstand leiten lassen – und der ist ein gutes Werkzeug. Sie fragen das, was sie wissen wollen, in klaren Worten. Und sie bekommen verblüffend klare Antworten. Frei nach Albert Camus: Die Pest der Heuchelei lässt sich nur mit ehrlichen Fragen bekämpfen.

Eine Beziehung kann immer nur so gut sein wie die Basis, auf der sie eingegangen wird. Wenn das Vorstellungsgespräch nur ein Verstellungsgespräch ist – wie soll dann die Arbeits-Ehe glücken?

# 11. Die moderne Firma: Intelligenz statt Irrenhaus

## Der Konkurrent als Lehrer

Firmen ziehen oft übereinander her – statt durch
Benchmarking voneinander zu lernen!

*Der Patriotismus verdirbt die Geschichte.*

Johann Wolfgang von Goethe

Was haben pubertierende Jugendbanden und deutsche Firmen
gemeinsam? Sie halten sich selbst für schlau, hellwach, ausge-
bufft – und alle anderen für dumm, verschlafen, uncool. Etliche
Firmen verbuchen den Stein der Weisen als Betriebsinventar. Alles, was aus dem eigenen Haus kommt, scheint genial, weil es aus
dem eigenen Haus kommt. Und alles, was die Konkurrenz macht,
scheint schlecht, weil es von der Konkurrenz kommt.

So pflegt ein mittelständischer Hersteller von Konsumgütern
folgendes Ritual: Wann immer der Wettbewerber eine Innovation
auf den Markt bringt, eilen die Mitarbeiter zusammen, um das
Produkt der Konkurrenz genüsslich zu zerpflücken. Mit gieriger
Gehässigkeit fallen sie über die vermeintlichen Produktions- und
Denkfehler des Wettbewerbers her. Solche Lästerorgien trennen
Freund und Feind, schweißen zusammen, sorgen für Identität.

Der Nachteil: Überzogener Firmen-Patriotismus verdirbt –
frei nach Goethe – die historischen Chancen. Er verschließt Augen, verstopft Ohren, verströmt Selbstgefälligkeit. Betrachtet eine

Firma alles, was ein Konkurrent tut, als Dummheit, dann entgehen ihr, was sie von der Konkurrenz lernen könnte, etwa über Herstellung, Vertrieb, Marketing und alternative Wege am Markt. Das Lästern ist eine Vermeidungsstrategie. Man will sich nicht mit den eigenen Schwächen auseinandersetzen. Genau das ist aber für jede Weiterentwicklung nötig. Darum ist Benchmarking, das gezielte Lernen von Wettbewerbern, der eindeutig klügere Weg.

Dasselbe gilt für Ihre Karriere: Wenn ein Kollege, der es in Ihren Augen nicht verdient hat, genau jene Erfolge feiert, die Sie gerne hätten – dann können Sie ihn natürlich mit Spott und Hohn überziehen. Aber gescheiter wäre es, sich zu fragen, was der Konkurrent anders, womöglich besser macht. Pflegt er Kontakte, die Ihnen fehlen? Bearbeitet er Themen, die Sie vernachlässigen? Nutzt er Kanäle für seine Selbst-PR, die Sie übersehen? Oder verleiht er seinen Forderungen lediglich einen Nachdruck, auf den Sie bislang verzichten?

Ich garantiere Ihnen: Je besser Sie die Stärken Ihres Konkurrenten kennen, desto mehr können Sie lernen. Dagegen ist die Kenntnis seiner Schwächen oder gar das Lästern darüber wenig hilfreich.

Den Stein der Weisen besitzt am ehesten, wer stetig nach ihm sucht – und am wenigsten, wer sich schon in seinem Besitz wähnt.

## Lasst Sündenböcke leben!

Wenn ein Fehler auftritt, hilft keine Sündenbock-Jagd – sondern die Frage nach einem Fehler im System.

*Willst du dich am Ganzen erquicken,*
*so musst du das Ganze im Kleinsten erblicken.*

*Johann Wolfgang von Goethe*

»Wie konnte das bloß passieren?« Diese Frage hallt durch Firmenflure, wenn ein schwerer Fehler passiert ist, ein Projekt gegen die Wand gefahren, ein Kunde vergrault wurde. Meist wird dann zur Jagd auf einen Sündenbock geblasen.

Zum Beispiel hat der Projektleiter mit seinem Team den Termin, wie es heißt, »verbockt« und den Kunden »vertrieben«. Dafür wird er nun an den Pranger gestellt, inklusive Abmahnung. Auf den ersten Blick scheint das vertretbar. Er hätte den Termin halten und den Kunden zufriedenstellen müssen.

Aber Unternehmen täten klüger daran, in Goethes Sinne nach dem »Ganzen im Kleinsten«, sprich nach den systemischen Zusammenhängen zu fragen; die meisten Fehler gehen auf ein Versagen des Systems zurück. Der Ort, wo der Fehler auftritt, ist so willkürlich wie das Ufer, an dem der Wellenschlag eines ins Wasser geworfenen Steins ankommt. Wer den Ort des Fehlers oder seinen scheinbaren Verursacher mit der wahren Ursache verwechselt, verhält sich töricht.

Gute Fragen zielen auf das System der Firma: Wie kam der knappe Termin überhaupt zustande? Wurde die Projektgruppe von oben unter Druck gesetzt? Und wenn ja: Wie kam es zu diesem Druck? Hinkte die Geschäftsleitung den Erwartungen des

Marktes hinterher? Wollte man mit diesem Projekt andere Fehlschläge kompensieren? War der Termin ohne Rücksicht auf die Kapazitäten zugesagt worden? Ist mangelnde Abstimmung die Ursache?

Und hatten die Abteilungen, auf deren Hilfe die Projektgruppe angewiesen war, genug Zeit für diese Zusatzarbeit? Oder pfiffen sie nach Personalkürzungen aus dem letzten Loch? Bekamen sie kaum ihr Tagesgeschäft geregelt? Wurden auch die Projektmitarbeiter von ihrer Alltagsarbeit in Beschlag genommen? Wie ist es um die Personaldecke bestellt?

Gab es Konflikte zwischen einzelnen Abteilungen, sodass einige Projektmitarbeiter in Wirklichkeit Projekt-Gegenarbeiter waren?

Wie harmonisch wird in dieser Firma gearbeitet? Und warum reagierte der Kunde so hart? War der geplatzte Termin nur der Tropfen, der ein volles Fass zum Überlaufen brachte? War der Kunde ohnehin auf dem Absprung? Wie gut werden Kunden in dieser Firma gepflegt?

Solche Fragen zu stellen ist unbequemer, als jemanden zum Sündenbock zu stempeln, denn sie gehen unter die Oberfläche. Wer als Unternehmenslenker das Ganze im Kleinsten sucht, dem bietet sich oft ein unerfreulicher Anblick: sein eigenes Spiegelbild. Und die eigenen Fehler!

## Arbeitsleistung statt Arbeitszeit

Die Arbeits- und Anwesenheitszeiten der Mitarbeiter sind egal – entscheidend ist, was sie leisten.

*Die Asiaten haben den Weltmarkt mit unlauteren Methoden erobert – sie arbeiten während der Arbeitszeit.*

*Ephraim Kishon*

Wenn die Lichter in der Firma ausgehen, bleiben zwei Spezies zurück: die Nachtwächter und die Karrieristen. Die Wächter, weil sie müssen. Die Karrieristen, weil sie meinen, sie müssten. Und trifft es nicht zu, dass in deutschen Firmen noch immer der Anwesenheitswahn regiert? Dass als Faulpelz gilt, wer pünktlich geht, aber als Held der Arbeit, wer Nachtschichten einlegt? So mancher Chef verharrt abends wie ein lebendes Mahnmal auf seinem Sessel, Botschaft: Nur mit Überstunden bringt man's hier zu was!

Dieses Denken zeugt von Naivität. Denn ein Mitarbeiter, der am Schreibtisch sitzt, ist noch lange nicht anwesend. Mit dem Hintern auf dem Sessel, mit den Gedanken am Strand – was ist daran vorbildlich? Viele Büros sind abends vollgestopft mit Ausgelaugten, deren Geist nichts mehr entzündet. Sie machen Überstunden, nicht, weil die Arbeit es erfordert, sondern weil sie sich unter Zugzwang fühlen.

Doch ein Vorgesetzter, der Überstunden schiebt, sendet immer auch die Botschaft aus: »Ich bin überfordert!« Er muss die Nachspielzeit beanspruchen. Das ist nicht nur ein Zeichen für Engagement, sondern auch für Bedrängnis.

Niemand käme auf die Idee, einen Fußballstürmer nach seinen Anwesenheitsstunden auf dem Trainingsplatz zu beurteilen. Man misst ihn am Ergebnis, an den Toren im Spiel. Fortschrittliche Firmen halten es genauso. Sie beurteilen ihre Mitarbeiter nach der Produktivität. Was juckt es, wie lange einer an seinem Schreibtisch saß? Hauptsache, er schultert seine Aufgabe!

Manchmal reicht es schon – frei nach Kishon – während der Arbeitszeit auch zu arbeiten. Denn im Unterschied zum Fließband, wo die Leistung proportional mit den Arbeitsstunden zunimmt, lässt sie bei geistiger Arbeit überproportional nach – sodass der Überstunden-Fetischist unterm Strich oft nicht mehr, sondern weniger als der Acht-Stunden-Mitarbeiter leistet. Zumal körperliche Abwesenheit, etwa durch frühen Feierabend, geistige Anwesenheit nicht ausschließt – zum Beispiel, wenn dem Mitarbeiter beim Joggen eine entscheidende Idee für sein Projekt kommt. Gerade Entspannung ebnet der Kreativität den Weg.

Der klügste Weg, den Firmen und Mitarbeiter gehen können, ist die Vereinbarung klarer Ziele. Dann lässt sich am Ende messen, was man von der Uhr niemals ablesen kann: wie gut jemand gearbeitet hat.

## Privat ist privat

Eine Firma, die ins Privatleben ihrer Mitarbeiter
eindringt, muss damit rechnen, dass Privates auch in
die Firma eindringt.

*Ein Merkmal großer Menschen ist, dass sie an andere
weit geringere Anforderungen stellen als an sich
selbst.*

*Marie von Ebner-Eschenbach*

Eine Privatmail aus dem Büro, ein Telefonat mit einem Freund,
ein paar nette Surfminuten im Internet: Was nach einem harmlo-
sen Vergnügen klingt, kann Grund für eine Abmahnung sein.
Einige Firmen plustern sich zu Tugendwächtern auf, wenn Mitarbeiter Privates und Dienstliches verquicken. Die Empörung be-
schränkt sich aber darauf, dass Privates in die Firma eindringt.
Den umgekehrten Fall, dass Dienstliches das Privatleben der Mitarbeiter entert, halten sie für selbstverständlich.

Dieselben Firmen, die ungeniert Mails in die Freizeit ihrer
Mitarbeiter weiterleiten, deren Chefs per SMS bis in die Schlaf-
zimmer vordringen, die ihre Mitarbeiter ohne Skrupel am Wochenende oder im Urlaub anrufen – diese Firmen geben sich em-
pört, wenn der Mitarbeiter ein paar Minuten im Internet surft
oder privat telefoniert. Warum stellen die Firmen an ihre Mitarbeiter nicht geringere Anforderungen als an sich selbst, wie Ebner-
Eschenbach es fordert, sondern größere? Wenn sich eine Firma
erdreistet, ihre Arbeit über den Damm des Privatlebens ihrer Mitarbeiter hinwegfluten zu lassen, darf sie sich nicht beschweren,
wenn das Private den umgekehrten Weg nimmt.

Außerdem: Welche Rolle spielt es eigentlich, ob jemand ein paar private Dinge erledigt, solange er seine volle Leistung bringt? Vielleicht lädt er seinen leeren Energieakku durch ein kurzes Privattelefonat auf. Sollten die Ziele nicht so gesetzt sein, dass niemand dauerhaft seine Arbeit vernachlässigen kann, ohne dass es an seiner Leistung auffällt?

Doch gerade Firmen, die das Privatleben ihrer Mitarbeiter verletzen, fahren bei privaten Abstechern am Arbeitsplatz gern schwere Geschütze auf, bis zur Kündigung. Und manchmal wird ein Verhalten, etwa privates Surfen, über Jahre geduldet. Aber sobald man einen Mitarbeiter loswerden möchte, wird ihm ein Strick daraus gedreht. Das sollten Sie nicht riskieren, denn die Arbeitsgerichte urteilen nicht nach moralischen, sondern nach juristischen Maßstäben. Andernfalls würde manche Kündigung in »Privatangelegenheiten« dem Arbeitgeber krachend auf die Füße fallen.

Umgekehrt wird ein Schuh draus: Je mehr eine Firma die Freizeit ihrer Mitarbeiter respektiert, desto größer ist ihr moralischer Anspruch, dass Mitarbeiter sich in der Dienstzeit auf Dienstliches beschränken.

## Der Betriebsrat als Feuermelder

Betriebsräte werden zu Unrecht von vielen
Unternehmen verflucht – sie können dabei helfen,
die Firma zum Erfolg zu führen.

*Die menschliche Gesellschaft gleicht einem Gewölbe,*
*das zusammenstürzen müsste, wenn sich nicht die*
*einzelnen Steine gegenseitig stützen würden.*

*Seneca*

Was fürchtet ein deutscher Unternehmer mehr als die Pleite? Den
Betriebsrat! Dass Betriebsräte behindert, wenn nicht gar verhindert werden, gehört zum deutschen Firmenalltag. Woher kommt
die Furcht, der Betriebsrat könnte eine Revolution unter dem eigenen Dach anzetteln, inklusive Hinrichtung der Geschäftstüch-
tigkeit? Halten die Unternehmer sich für so schlimme Despoten,
dass sie ständig Rache fürchten? Oder sehen sie ihre Arbeitnehmer
als pubertierende Trotzköpfe ohne Verantwortungsbewusstsein?

Wahr ist: Inhaber und Mitarbeiter sitzen heute in einem
Boot, dem gemeinsamen Unternehmen. Was bliebe von einem
Weltkonzern übrig, wenn man über Nacht die Mitarbeiter ab-
zöge? Leere Immobilien. Das Kapital der Firma, das Wissen,
schlummert nicht mehr in Tresoren, sondern in den Köpfen der
Mitarbeiter. Die Firma hat nur dann Zugriff darauf, wenn die
Mitarbeiter ihr Wissen und ihre Ideen freiwillig herausrücken.
Das gelingt in einem Klima der Kooperation.

Der Management-Vordenker Peter F. Drucker hat gefordert,
Mitarbeiter in der Bilanz nicht als Kostenstellen, sondern als Ak-
tiva zu führen – als wertvolle Mitunternehmer. Umso besser, wenn

sie auch offiziell ein Wörtchen mitreden können – über den Betriebsrat.

Ein kritischer Betriebsrat ist – frei nach Seneca – ein Stein, der das Gewölbe der Firma stützt, ein Korrektiv, das die Geschäftsleitung vor Fehlern bewahrt. In brisanten Situationen fungiert er wie ein Rauchmelder: Er schlägt Alarm, wenn eine unsinnige Entscheidung des Managements den langfristigen Gewinn der Firma oder die Motivation der Mitarbeiter gefährdet. Wer als Unternehmer alles tut, um den Betriebsrat mundtot zu machen, der könnte auch einen Rauchmelder bei Feueralarm zerschlagen – und weiterschlafen.

Eine gesunde Firmenkultur erkennt man daran, dass der Betriebsrat als Talentpool gilt, in dem Mitarbeiter sich bewähren und für Führungspositionen empfehlen können, dass er keine Zuflucht für Quertreiber, sondern ein akzeptierter Teil des Unternehmens ist. Je weniger der Wechsel aus einer Führungsposition in den Betriebsrat (oder umgekehrt) als Verrat gilt, desto stärker ziehen Arbeitnehmer und Arbeitgeber an einem Strang. Ein kluger Betriebsrat führt Firmen nicht in die Pleite – er hilft, sie davor zu bewahren.

# Es lebe der Erfahrene!

In vielen Firmen herrscht Jugendwahn.
Dabei sind Mitarbeiter wie edle Weine:
Sie werden mit den Jahren immer kostbarer.

*Erfahrung ist der beste Lehrmeister.*
*Nur das Schulgeld ist teuer.*

Thomas Carlyle

Der Geschäftsführer des Zulieferers verpackte seine Hiobsbot-
schaft in Zuckerguss: »Wir wollen den Jüngeren die Chance geben, mehr Verantwortung zu übernehmen.« Im Klartext hieß das:
Mitarbeiter über 55 Jahren sollten mit einer Abfindung vom Hof
gejagt werden. Der Vorgang ist kein Einzelfall. Die Logik dahinter
breitet sich wie eine Seuche in Firmen aus. Weil ältere Arbeitnehmer die höchsten Gehälter bekommen, scheint ihre Entlassung
die höchste Einsparung zu bringen.

Mit dieser Logik könnte man auch das gesamte Top-Management hinauswerfen. Vielleicht wäre das sogar die bessere Idee,
denn die Milchmädchen-Manager übersehen: Je älter ein Mitarbeiter, je länger er für die Firma arbeitet, desto kostbarer ist seine
Erfahrung. Wer weiß, wie der schwierige Großkunde tickt? Nur
derjenige, der ihn seit Jahrzehnten betreut und ihm die Wünsche
von den Augen abliest. Wer weiß, welche Projektideen schon vor
Jahrzehnten gescheitert sind, weil sie nicht zur Kultur der Firma
passten? Nicht der Neuling, der gerade frisch an Bord gekommen
ist, sondern der langjährige Mitarbeiter, der schon Tiefs durch-
segelt und für seinen Lehrmeister, die Erfahrung, viel teures
Schulgeld bezahlt hat (um es mit Thomas Carlyle zu sagen).

Die älteren Mitarbeiter sind die Einheimischen im Land der Firma. Sie können jüngeren Mitarbeitern, auch frischen Managern, mehr über die Firma, die Fettnäpfe und das Fach vermitteln, als es der beste Trainer von außerhalb könnte. Wer Teams aus erfahrenen und jungen Mitarbeitern bildet, schafft eine glückliche und nachweisbar effektive Symbiose. Pioniergeist paart sich mit Erfahrung. Daraus können Spitzenleistungen erwachsen.

Dagegen gleicht die Entlassung der Älteren einer Selbstzerfleischung. So habe ich in einem norddeutschen Konzern erlebt, dass ältere Ingenieure reihenweise in die Frührente gescheucht wurden. Doch ein halbes Jahr später stand ein schwieriges Projekt mit einem Stammkunden aus Fernost an. Und die Nachwuchs-Ingenieure waren schlicht überfordert. Wen hätten sie auch fragen sollen? Also ging der Konzern auf die frisch Verrenteten zu und bekniete sie, als freie Berater das Projekt zu begleiten. Die Honorare, die jetzt gefordert wurden, lagen weit über den ehemaligen Gehältern. Doch das Projekt, das um ein Haar zum Verlust des Kunden geführt hätte, lief bald wieder rund. Und die Jungen hatten viel fürs nächste Mal gelernt.

# Nachwort: Allein im Haifischbecken?

Zum Erfolg im Beruf gehören immer zwei: ein Mitarbeiter, der Karriere machen will, und eine Firma, die sie ihn machen lässt. Aber was hilft Ihnen dieses Buch, wenn Ihre Firma eine Hochburg der Intrigen ist, wenn die Netten von den Brutalen beiseitegerempelt werden, wenn Ihr Chef die Ehrlichkeit ächtet und die Lügen achtet? Wie, bitteschön, soll Ihnen eine »anständige Karriere« in einem solchen Haifischbecken gelingen?

Gegenfrage: Was ist klüger, wenn man in ein Haifischbecken fällt – sich mit den Haien anzulegen oder ganz schnell das Weite zu suchen? Wer im Becken bleibt, wird zum Opfer. Oder selber zum Hai. Aber eines wird er ganz sicher nicht: glücklich.

Darum ist es so wichtig, dass Sie als Arbeitnehmer ein neues Selbstbewusstsein entwickeln: Nicht nur die Firma entscheidet sich für Sie (und gibt die Spielregeln vor), sondern auch Sie entscheiden sich für die Firma (und suchen sich die Spielregeln aus). Indem Sie dort als Bewerber anheuern. Und indem Sie als Mitarbeiter bleiben. Stellen Sie sich immer wieder die Frage: »Passen wir, die Firma und ich, (noch) zueinander?«

Wenn Sie ein grundehrlicher Mensch sind: Warum bleiben Sie dann in einer Firma, in der die Lüge als Landeswährung gilt? Wenn Sie als Vorgesetzter ein fairer Partner sein möchten: Was wollen Sie dann in einem Konzern, für den jeder Mitarbeiter ein Fußabtreter ist? Und wenn Sie es kollegial lieben, verzweifeln Sie sicher in einem Unternehmen, in dem die Mitarbeiter wie Kampfhunde aufeinandergehetzt werden. Anständige Karriere setzt Anstand voraus, den Sie sich selbst entgegenbringen. Wie eine sonnenbedürftige Pflanze nur gedeiht, wenn sie genug Licht bekommt, so werden Sie nur gedeihen, wenn Sie Ihre Werte in einer Firma verwirklichen können.

Nehmen Sie dieses Buch zum Anlass, sich zu fragen, wie authentisch Sie an Ihrem Arbeitsplatz sein können. Ist es Ihnen möglich, Ihre Meinung zu sagen, Ihre Werte zu leben, Ihre Stärken einzubringen? Stehen Sie hinter dem Geschäftsmodell, können Sie Ihre Firma Kunden oder Bewerbern aus ganzem Herzen empfehlen? Gehen Sie gerne zur Arbeit? Mögen Sie Ihre Kollegen und bestenfalls auch Ihren Chef?

Wenn Sie viele dieser Fragen bejahen, haben Sie offenbar eine Firma gefunden, in der Sie gut aufgehoben sind, in der Sie wachsen und »anständig Karriere« machen können. Ansonsten rate ich: Raus aus dem Haifischbecken – und rein in eine Firma, wo der Anstand etwas zählt! Tipps dazu, wie Sie einen vernünftigen Arbeitgeber finden und ein Irrenhaus meiden, habe ich Ihnen unter anderem auf Seite 91 (»Die Rückkehr der Verantwortung«) gegeben.

Allzeit ein gutes Händchen, bei der Firmenwahl und beim Karrieremachen,

wünscht Ihnen
Ihr
*Martin Wehrle*

# Traumberuf Karrierecoach:
# So starten Sie durch

*Die erste Ausbildung in Deutschland.*
*8 Module von uns – 1000 Chancen für Sie.*

**Perspektive:**
»Die Nachfrage nach professionellen Karriereberatern nimmt stetig zu«, schreibt das Manager Magazin. Bauen Sie sich ein lukratives Geschäft auf.

**Trainer:**
Martin Wehrle, Autor von *Karriereberatung* (Beltz 2007). »Sein Erfahrungsreservoir ist eine Fundgrube ...« (FAZ)

**Ihre fünf Ausbildungs-Vorteile:**
1. Große Praxisnähe: Wir organisieren Ihnen reale Klienten.
2. Alle Business-Top-Themen: Bewerbung, Gehalt, Konflikt usw.
3. Persönliche Betreuung: maximal zehn Teilnehmer.
4. Fernstudien-Elemente: Zahlreiche Übungen für zu Hause.
5. Buchung ohne Risiko – erstes Wochenende auf Probe möglich.

Wir wollen Sie nicht nur zufriedenstellen, sondern begeistern. Testen Sie uns! Und lesen Sie, was ehemalige Teilnehmer über die Ausbildung sagen: *www.karriereberater-akademie.de* *(mit Gratis-Newsletter)*

Ebenso können Sie Martin Wehrle als Redner oder Podiums-teilnehmer buchen. Seine Vorträge, die er stets frei hält, gelten als unterhaltsame Highlights: *www.gehaltscoach.de*

**Karriereberater-Akademie, 21279 Appel bei Hamburg**

Martin Wehrle war Führungskraft in einem Konzern, ehe seine Erfolgsstory als Berater begann. Heute ist er »Deutschlands bekanntester Karriere- und Gehaltscoach« (so der Kurier aus Wien). Ein breites Publikum kennt ihn aus Fernsehen, Zeitschriften und durch seinen Bestseller »Ich arbeite in einem Irrenhaus« (Econ, 2011), der mit knapp 250 000 Exemplaren das meistverkaufte Sachbuch aus der Berufswelt seit Jahrzehnten ist. Der Nachfolgeband »Ich arbeite immer noch in einem Irrenhaus« stürmte ebenfalls die Bestseller-Liste.

Seine Bücher wurden in neun Sprachen übersetzt und haben rund um den Globus begeisterte Leser gefunden. Zu den beliebtesten gehören »Geheime Tricks für mehr Gehalt« (Econ, 2003) und »Die Geheimnisse der Chefs« (orell füssli, 2012). Gleichzeitig schreibt Wehrle Fachbücher, so den Beratungsbestseller »Die 100 besten Coaching-Übungen« (managerSeminare, 2010).

An seiner Hamburger Karriereberater-Akademie leitet er mit großem Erfolg den ersten Ausbildungsgang zum Karrierecoach im deutschsprachigen Raum. Bei diesem Kurs verrät er auch, wie man sich als Coach selbstständig macht, Bücher schreibt und schnell Klienten findet.

Vor seiner Tätigkeit als Coach und Autor hat Martin Wehrle, der gelernter Journalist ist, mehrere Führungspositionen bekleidet. Unter anderem war er Chefredakteur und hat eine Doppelabteilung für ein M-Dax-Unternehmen aufgebaut und geleitet. Mehrfach wurde er für seine Arbeit als Autor ausgezeichnet. Wehrle lebt in der Nähe von Hamburg.